Study on static and
seismic performance of concrete-filled steel tube column with multiple cavities
and round-ended cross-section

多腔圆端形钢管混凝土柱静力及抗震性能研究

刘劲 潘志成◎著

中南大学出版社
www.csupress.com.cn
·长沙·

图书在版编目(CIP)数据

多腔圆端形钢管混凝土柱静力及抗震性能研究／刘劲，潘志成著. —长沙：中南大学出版社，2024.9
ISBN 978-7-5487-5865-5

Ⅰ. ①多… Ⅱ. ①刘… ②潘… Ⅲ. ①钢筋混凝土柱—静力学—研究②钢筋混凝土柱—抗震性能—研究
Ⅳ. ①TU375.3

中国国家版本馆 CIP 数据核字(2024)第 107227 号

多腔圆端形钢管混凝土柱静力及抗震性能研究
DUOQIANG YUANDUANXING GANGGUAN HUNNINGTU
ZHUJINGLI JI KANGZHEN XINGNENG YANJIU

刘　劲　潘志成　著

□出 版 人　林绵优
□责任编辑　韩　雪
□责任印制　唐　曦
□出版发行　中南大学出版社
　　　　　　社址：长沙市麓山南路　　　邮编：410083
　　　　　　发行科电话：0731-88876770　　传真：0731-88710482
□印　　装　广东虎彩云印刷有限公司

□开　　本　710 mm×1000 mm 1/16　□印张 9.25　□字数 161 千字
□版　　次　2024 年 9 月第 1 版　　　□印次 2024 年 9 月第 1 次印刷
□书　　号　ISBN 978-7-5487-5865-5
□定　　价　68.00 元

前 言

　　本书采用试验研究、数值模拟和理论分析方法，开展了多腔圆端形钢管混凝土柱静力及抗震性能研究，成果如下：

　　(1)完成了8个多腔圆端形钢管混凝土短柱轴压试验研究，建立了轴压荷载下的多腔圆端形钢管混凝土柱有限元模型，考察了腔室布置、长宽比等参数对试件轴压性能的影响，分析轴压性能力学指标，建立了多腔圆端形钢管混凝土轴压试件轴压刚度和极限承载力计算公式。

　　(2)完成了8根多腔圆端形钢管混凝土试件纯弯试验研究，建立了纯弯荷载下的多腔圆端形钢管混凝土柱有限元模型，考察了腔室布置、长宽比等参数对试件纯弯性能的影响，分析抗弯性能力学指标，建立了多腔圆端形钢管混凝土轴压试件受弯刚度和极限承载力计算公式。

　　(3)完成了12根多腔圆端形钢管混凝土试件低周往复试验，建立了低周往复荷载下的多腔圆端形钢管混凝土柱有限元模型，考察了腔室布置、轴压比、长宽比等参数对试件滞回性能的影响，分析了抗震性能指标的影响。

　　本书由湖南城市学院刘劲，中国水利水电第八工程局有限公司潘志成编写。本书的出版获国家自然科学基金青年项目(52008159)、湖南省教育

1

厅科学研究重点项目（21A0504）、湖南省自然科学基金面上项目
（2022JJ30112）、安徽省重点研究与开发计划项目（2022o07020003）、安
徽省住房城乡建设科学技术计划项目（2023-YF-112）、土木工程湖南省
"双一流"应用特色学科、湖南省普通高等学校科技创新团队支持计划、
陶粒混凝土技术研发与应用湖南省工程研究中心、绿色建筑与智能建造
湖南省普通高等学校重点实验室等资助。感谢中南大学余志武、丁发兴
教授对本书的指导，另外，郑州航空工业管理学院张涛副教授，研究生
余文卓、潘资贸也为本书的出版作出了重要贡献。

　　由于时间仓促，编者水平有限，书中难免存在不足，真诚欢迎读者
对本书的错误之处给予批评指正。

笔　者

2024 年 3 月

目 录

1

第 1 章

绪　论

1.1　概述

1.1.1　研究背景

圆端形钢筋混凝土(reinforced concrete，RC)桥墩具有较大的纵、横向刚度，造型美观，施工简便，在重载铁路及大跨桥梁建设中应用普遍。随着服役时间的增长，高烈度地区的圆端形 RC 桥墩在地震作用下出现了弯曲破坏、弯剪破坏和剪切破坏等现象，暴露了抗震性能有待加强的紧迫需求。

1. 地震作用下圆端形 RC 桥墩易损难修

以往对截面长宽比 2.5~2.8 的圆端形 RC 桥墩的拟静力试验表明：由于圆端形 RC 桥墩配筋率通常较小(一般低于 1%)，墩身内箍筋对核心混凝土的约束作用有限，结构耗能能力难以满足工程实际需求。同时由于缺乏有效的侧向约束，箍筋加密区外的桥墩纵筋容易发生失稳破坏。而在墩身内配置过密箍筋则将增大施工难度，降低混凝土浇筑质量。此外，地震作用下混凝土保护层的过早开裂会降低纵筋与混凝土之间的黏结作用。图 1.1 所示为典型圆端形 RC 桥墩地震作用下破坏示意图，因此，提高圆端形 RC 桥墩抗震性能十分必要。

图 1.1　圆端形 RC 桥墩地震作用下破坏示意图

2. 钢管混凝土桥墩是替代 RC 桥墩的理想选择

为改善 RC 桥墩的抗震性能，钢管混凝土桥墩成为一种理想选择。受力过程中钢管可有效约束核心混凝土，减缓其受压时的纵向开裂，而内部混凝土又可以延缓或避免钢管局部屈曲，其结构能充分发挥两种材料的长处，具有承载力高、塑性好和抗震性能佳的优点，同时施工方便、经济效益好。因此，包括雅泸高速公路腊八斤特大桥在内的众多桥梁采用了钢管混凝土桥墩形式。

3. 多腔圆端形钢管混凝土桥墩的提出

笔者研究发现当圆端形钢管混凝土柱横截面长宽比大于 5 时，单腔钢管对核心混凝土几乎不存在约束作用。针对工程中圆端形桥墩截面长宽比及尺寸较大的特点，提出多腔圆端形钢管混凝土桥墩形式，如图 1.2 所示，采用纵、横向加劲肋将圆端形截面分隔为不同腔室，通过多腔约束加强钢管对核心混凝土的约束作用，提高试件承载力、延性和抗震性能。

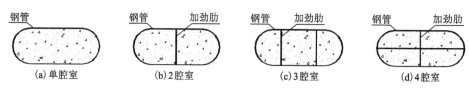

图 1.2　单腔及多腔圆端形钢管混凝土桥墩横截面示意图

1.1.2 研究意义

当前针对地震作用下截面长宽比大、直边与圆弧结合的圆端形钢管混凝土桥墩的研究较少，不同腔室对核心混凝土约束作用机理、钢管与混凝土协同工作能力、结构破坏模式尚不明晰，塑性耗能机理和塑性耗能分配机制缺乏系统研究，轴压、抗弯承载力计算方法、腔室布置等抗震设计措施未见报道，因此，本书将对圆端形钢管混凝土柱静力性能及抗震性能展开研究，推导试件轴压、纯弯承载力计算式，探究试件抗震性能，提出试件设计建议，具有显著的科学研究和工程应用价值。

1.2 国内外研究现状

1.2.1 不同约束类型钢管混凝土柱静力与拟静力性能

当钢管混凝土柱体型较大时，由于施工工艺等，不能通过无限增加钢管壁厚满足使用要求，因此，许多学者尝试采用局部或贯通方式的约束形式改善钢管混凝土柱的承载能力和延性。常见钢管约束形式如图 1.3 所示。

以往提出的局部方式约束钢管混凝土柱形式主要包括：方钢管螺旋箍筋复合约束混凝土、加劲肋约束混凝土、栓钉约束混凝土、PBL 加劲型矩形钢管混凝土、螺栓约束钢管混凝土。研究表明采用螺旋筋、加劲肋、栓钉等局部约束形式能改善钢管与混凝土的黏结性能，提高钢管壁屈曲承载能力，但对大体积钢管混凝土柱的约束作用有限。

近年来提出的贯通约束钢管混凝土柱形式主要包括：拉杆约束形式的 T 形钢管混凝土柱、带拉杆约束矩形截面钢管混凝土柱、端部拉筋约束的圆端形钢管混凝土柱等。结果表明拉杆、拉筋约束能提高钢管混凝土柱承载力和抗震性能，但结构体型较大时，采用拉杆、拉筋约束需要增加布置密度，从而增大施工难度、影响混凝土浇筑质量。

目前，部分学者提出了五边形、六边形和八边形多腔钢管混凝土柱形式，研究表明：由于多边多腔钢管对内部混凝土形成了复合式约束，减小了钢管屈曲，因此多腔钢管混凝土柱具有较高的承载力和较好的抗震性能。但目前研究

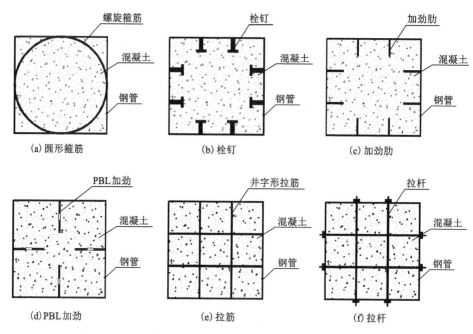

图 1.3　各种约束形式的钢管混凝土截面类型示意图

多局限于高层建筑中使用的截面长短边尺寸接近、外围均为直边的多腔钢管混凝土巨型柱，对于桥梁工程中截面长宽比较大、直边与圆弧结合的圆端形钢管混凝土柱研究较少，其破坏模式和耗能机理尚不明晰，有待深入挖掘。

1.2.2　钢管混凝土柱的约束机理和抗震耗能研究

图 1.4 为单腔圆形、矩形钢管混凝土柱约束作用效果图，圆形钢管混凝土柱较矩形钢管混凝土柱，钢管对核心混凝土的约束效果更强。

研究表明单腔圆端形钢管对核心混凝土的约束作用包括承载力、峰值应变和延性等指标均介于圆形钢管和矩形钢管之间。异形钢管对核心混凝土的约束作用较规则截面(圆形、方形、正八边形)钢管混凝土柱分布更为不均，角部约束作用较强且与钢板夹角相关，直线边中部较弱且与边长相关。因此，单腔圆端形钢管混凝土柱变为多腔室后，多腔钢管对核心混凝土的约束机理成为研究多腔圆端形钢管混凝土柱抗震性能的关键。

此外，国内外学者通过杆系纤维模型等数值模拟方法对混凝土结构及钢混

(a) 圆形　　　　　　　　　(b) 矩形

图 1.4　圆形、矩形钢管混凝土柱截面应力区域划分

凝土组合结构进行有限元分析,并揭示钢-混凝土组合结构体系塑性耗能机理与分配机制,笔者所在课题组也建立了参数确定性与拉压本构关系唯一性的混凝土三轴塑性-损伤本构模型,提出了考虑钢梁、混凝土板与栓钉相互作用的钢-混凝土组合梁抗震性能三维精细有限元分析理论与耗能分析方法。基于前期研究基础,笔者基于试验研究,开展多腔钢管混凝土柱轴压、抗弯及抗震性能研究,着重探究多腔钢管约束对结构承载力、延性、抗震性能的影响。

1.2.3　钢管混凝土柱静力及抗震措施

1. 钢管混凝土柱抗剪和抗弯设计承载力

桥墩典型震害的原因大多可归结为墩身抗剪强度和变形能力的不足,钢管混凝土柱抗剪和抗弯承载力是研究其力学性能的重要内容。

已有研究表明剪跨比、轴压比对钢管混凝土柱抗剪承载力有直接影响,并提出了考虑这两个因素的圆形、矩形钢管混凝土柱抗剪承载力计算式。《钢管混凝土结构技术规范》(GB 50936—2014)基于文献研究成果,给出了单支圆形钢管混凝土柱的简化横向抗剪计算式。另外,基于内力平衡、数值计算与回归分析的方法,学者提出了圆形、方形和矩形钢管混凝土柱抗弯承载力的计算公式。《钢管混凝土结构技术规范》(GB 50936—2014)、AISC-LFRD(2005)提出了圆形、矩形及多边形钢管混凝土柱抗弯承载力和压弯承载力计算式。

以上研究表明当前对常见截面形式的单腔钢管混凝土柱抗弯、抗剪承载力计算方法的研究较为成熟,但未见对多腔圆端形钢管混凝土柱抗弯、抗剪承载力计算方法的研究。

2. 钢管混凝土柱抗震措施

国内外学者通过试验研究与理论分析提出了各种形式的钢管混凝土柱抗震措施。欧智菁等采用 midas 软件建立 26 座三跨对称曲线连续梁桥计算模型，展开地震响应及参数分析，并提出钢管混凝土格构式桥墩抗震设计措施。张冬芳等完成了内圆外方复式钢管混凝土柱-钢梁节点抗震性能试验，试验表明该类复式钢管混凝土柱结构满足"强节点弱构件"的抗震设计要求。Vasdravellis 等展开钢-混凝土组合框架的拟动力试验和 ABAQUS 有限元分析，基于塑性耗能指标探讨钢混凝土组合结构地震作用下的耗能行为。部分学者提出了长短边尺寸接近、外边为直边的多边多腔钢管混凝土柱抗震设计措施，如董宏英等通过试验研究和数值模拟分析了钢管壁厚和混凝土强度对结构承载力的影响，姚攀峰等基于理论分析指出多腔钢管混凝土柱并非腔体越多承载力越高。

因此，目前对钢管混凝土柱的抗震设计方法研究多针对单腔钢管混凝土柱，对长短边尺寸接近、外边为直边的多边多腔钢管混凝土柱也有涉及，但对截面长宽比较大、直边与圆弧结合的多腔圆端形钢管混凝土的柱抗震设计方法尚未明确。

1.3 已有研究中存在的不足

1. 多腔圆端形钢管混凝土柱的约束机理尚不明晰

当前研究多针对圆形、矩形等单腔室钢管混凝土柱，但关于多腔钢管对混凝土的约束机理缺乏深入研究，截面直边与圆弧结合的多腔钢管对核心混凝土的约束差异、不同腔室间协同工作等内在机理尚不明晰。

2. 多腔圆端形钢管混凝土柱设计方法缺乏深入研究

当前对高层建筑中使用的截面长短边尺寸接近、外围均为直边的多腔钢管混凝土巨型柱有所涉及，但针对桥梁工程中截面长宽比较大、直边与圆弧结合的多腔圆端形钢管混凝土柱的静力、抗震设计方法未见报道。

1.4　本书主要工作

1.4.1　研究思路

本书针对多腔圆端形钢管混凝土柱轴压、纯弯及滞回性能展开了一系列试验研究，采用有限元软件数值模拟，并展开参数分析，揭示轴压、纯弯和低周往复受力下多腔钢管与核心混凝土之间相互作用关系，揭示了试件耗能性能，提出了轴压、纯弯承载力和刚度计算式。

1.4.2　研究内容

本书采用试验研究、数值模拟和理论分析方法，开展了多腔圆端形钢管混凝土柱静力及拟静力研究，成果如下。

(1)完成了 8 个多腔圆端形钢管混凝土短柱轴压试验，结果表明腔室布置越多，钢管约束作用越强，试件环向应变越大，试件极限承载力越高，长宽比越大，试件横向约束系数越小，直边约束效应越弱，轴压短柱试件延性均较好。采用 ABAQUS 有限元软件建立轴压短柱三维实体有限元模型，展开了多腔圆端形钢管混凝土轴压短柱相互作用分析。基于参数分析，建立了多腔圆端形钢管混凝土轴压试件轴压刚度和极限承载力计算公式，计算结果与试验结果、有限元结果吻合较好。

(2)完成了 8 个多腔圆端形钢管混凝土柱纯弯试验，结果表明 1 腔室(单腔)与 2 腔试件承载力相当，3 腔及 4 腔试件极限承载力明显较高，多腔圆端形钢管混凝土纯延性弯柱普遍表现较好。采用 ABAQUS 有限元软件建立了纯弯试件三维实体有限元模型，考察了腔室布置、长宽比等参数对试件纯弯性能的影响，分析了纯弯试件的全过程受力行为。基于参数分析，建立了多腔圆端形钢管混凝土纯弯试件抗弯刚度和极限弯矩计算公式，计算结果与试验结果、有限元结果吻合较好。

(3)完成了 12 个多腔圆端形钢管混凝土低周往复试验，结果表明试件滞回曲线形状较为饱满，没有明显的捏拢现象，试件耗能能力较好，满足抗震耗能要求。骨架曲线在受荷后期基本保持水平或者呈现出微弱的下降段，延性较好，试件刚度均随循环次数的增加而不断降低。采用 ABAQUS 有限元软件建立了拟静力加载试件三维实体有限元模型，揭示了钢管混凝土柱损伤及应力发展规律，完成了多腔圆端形钢管混凝土柱塑性耗能影响分析，建议长宽比较大的圆端形钢管混凝土试件，腔室布置应使各腔室截面长短边接近。

第 2 章

多腔圆端形钢管混凝土短柱轴压性能研究

2.1 概述

目前，已有文献报道了截面长宽比 B/D 为 1~3 的单腔圆端形钢管混凝土轴压短柱试验研究，研究表明截面长宽比越大，钢管对核心混凝土的约束作用越弱，当截面长宽比大于 5 时，圆端形钢管对核心混凝土的约束作用几乎可以忽略，因此在截面长宽比较大时，有必要对其采取约束措施。笔者在比较钢管内部布置加劲肋、焊接栓钉、约束拉杆、圆形箍筋和双向对拉钢筋等多种约束效果的基础上，指出对于长宽比较大的圆端形钢管混凝土柱而言，多腔约束具有较好的约束效果，且施工较为简便。为此本章将展开多腔圆端形钢管混凝土短柱轴压力学性能研究，主要工作如下。

(1)完成 8 根多腔圆端形钢管混凝土轴压短柱试验研究，截面长宽比 B/D 分别为 2、3，腔室布置分为单腔、2 腔、3 腔和 4 腔，从破坏模式、轴向荷载-应变曲线、极限承载力、延性、强度-质量比、应变分析等方面，探索试件在轴向荷载作用下的力学性能。

(2)采用 ABAQUS 有限元软件建立轴压试件三维实体有限元模型，探讨不同截面长宽比及腔室布置对核心混凝土的约束效果，分析钢管横向变形系数，揭示钢管和混凝土之间的相互作用关系。

(3)展开有限元模拟参数分析，基于截面平衡关系，提出试件轴压承载力计算式。采用数学拟合，提出试件轴压刚度计算式。

2.2 试验研究

2.2.1 试件设计

考虑腔室布置、截面长宽比的变化，试验设计了 8 根多腔圆端形钢管混凝土柱试件，采用 C40 混凝土和 Q235 钢材，试验前，先按标准试验方法测试钢材、混凝土的材料性能，图 2.1 所示为单腔及多腔圆端形钢管混凝土柱横截面示意图，表 2.1 所示为多腔圆端形钢管混凝土柱试件参数。其中，CFST（concrete-filled steel tube）为钢管混凝土柱编号；f_s 为钢材屈服强度；f_{cu} 为混凝土立方体抗压强度；B 为截面宽度；D 为截面高度；t 为外围钢管壁厚和隔板壁厚；H 为试件高度，ρ_s 为截面含钢率，定义为钢材面积（A_s）除以横截面面积（A_{sc}），即 $\rho_s = A_s / A_{sc}$，N_t 为试件轴压承载力试验值，N_c 为试件轴压承载力公式计算值。

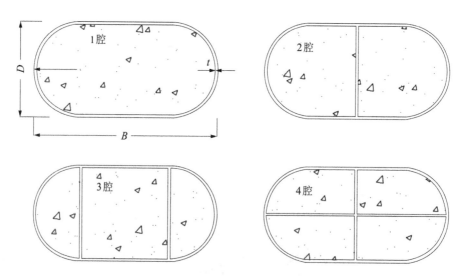

图 2.1 单腔及多腔圆端形钢管混凝土柱横截面示意图

表 2.1　多腔圆端形钢管混凝土柱试件参数

序号	试件编号	$B{\times}D{\times}t{\times}H/$ （mm×mm×mm×mm）	腔室布置	f_s /MPa	f_{cu} /MPa	ρ_s	N_t/kN	N_c/kN
1	CFST-A1	228×114×4×500	单腔	334	37	10.1	1450	1508
2	CFST-A2	228×114×4×500	2 腔	334	37	12.1	1640	1695
3	CFST-A3	228×114×4×500	3 腔	334	37	14.0	1780	1707
4	CFST-A4	228×114×4×500	4 腔	334	37	16.0	1850	1791
5	CFST-A5	342×114×4×500	单腔	334	37	9.0	2170	2147
6	CFST-A6	342×114×4×500	2 腔	334	37	10.3	2400	2241
7	CFST-A7	342×114×4×500	3 腔	334	37	11.5	2585	2386
8	CFST-A8	342×114×4×500	4 腔	334	37	14.0	2810	2676

多腔圆端形钢管的制造过程包括两个步骤。首先，将圆形钢管切割成 2 个半圆形钢管；随后，两个半圆形截面和若干竖直隔板通过对接焊缝连接在一起。对接焊缝遵循《钢结构设计标准》（GB 50017—2017）的规定。此外，要确保焊接点，即钢管的末端，在焊接过后保持光滑。

为了更准确地观察和记录钢管的变形和局部屈曲，在钢管的外表面涂上一层红色涂漆，并在漆面上绘制白色的网格。在浇筑混凝土之前，盖板被焊接到钢管的一端，使钢管竖直放置，混凝土从试件的顶部浇筑，并使用振动器仔细振动，确保混凝土在钢管内均匀分布，随后，对混凝土和钢管的上表面进行光滑处理。在浇筑试件的同时，按照相同的条件浇筑标准的边长为150 mm 的混凝土立方体，待短柱试件中的混凝土硬化后，使用砂轮对混凝土表面进行抛光，接着涂覆一层环氧树脂黏结剂以使端面平整，钢板随后被焊接到试件的末端。这种方法可确保在加载过程中钢管和核心混凝土共同承受施加的荷载。

2.2.2　材料性能

在试验前，采用标准方法进行材料测试，确定包括钢板和混凝土在内材料的力学性能。本研究选用的是低碳钢，遵循《金属材料　拉伸试验　第 1 部分：室温试验方法》（GB/T 228.1—2021）的规定，通过钢板单向拉伸试验以测试试件所用的钢管的材料性能。此外,混凝土立方体抗压强度(f_{cu})按照《混凝土物理力学性能试验方法标准》(GB/T 50081—2019)要求测试得到。

2.2.3 加载方法与测点布置

短柱轴压试验在湖南城市学院土木工程国家级实验教学示范中心5000 kN多功能压力试验机上进行。试验加载制度为:试件加载按分级加载,当试件在达到极限承载力之前进行分级加载,试件在弹性阶段范围内每级荷载相当于极限荷载的1/10左右,试件在弹塑性阶段每级荷载相当于极限荷载的1/20左右;每级荷载采集的间隔时间为3~5 min,近似于慢速连续加载,相应的应变、位移和荷载也同时分级采集;当试件荷载临近极限荷载时,慢速连续加载直至试件破坏,数据连续采集。每个试件持续时间约为1.5 h。

为精确测试试件的轴向和环向变形,在所有试件钢管柱中部布置3个直角应变片,用于测量不同点的应变,分别位于圆弧中点处、圆端转角处和直边中点处。同时,在试件直边的两个相对面布置两个电测位移计,用以测量试件轴向的变形量,其位置如图2.2(a)所示。荷载直接由5000 kN多功能压力试验机记录采集,应变由DH3818静态应变测量仪采集,位移由位移计采集。试验测点装置图和试件加载图如图2.2所示。

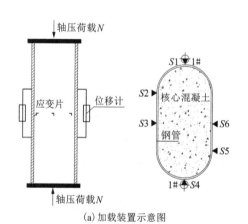
(a)加载装置示意图

(b)现场示意图

图2.2 试验装置

2.3　试验结果分析

2.3.1　破坏模式

图 2.3 所示为试件破坏形态。所有试件均表现出较明显的轴向压缩变形，试件中部出现明显的外层钢管局部屈曲。

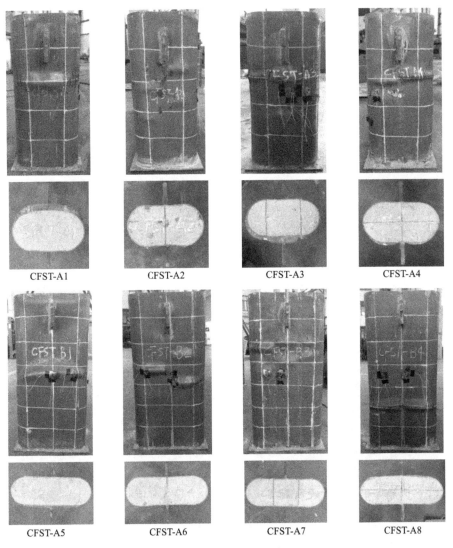

| CFST-A1 | CFST-A2 | CFST-A3 | CFST-A4 |

| CFST-A5 | CFST-A6 | CFST-A7 | CFST-A8 |

图 2.3　试件破坏形态

图2.4所示为试件核心混凝土破坏形态。停止轴压试验后，切开外层钢管，观察核心混凝土状况。首先，对于 CFST-A1 试件，可以发现核心混凝土中存在倾斜剪切破裂带甚至破碎，试件失去继续承受轴向荷载的能力，如图2.4(a)所示，可见单腔钢管对核心混凝土的约束作用不充分，不能有效防止核心混凝土剪切滑动裂缝的产生。此外，对于 CFST-A2、CFST-A3 和 CFST-A4 试件，如图2.4(b)~(d)所示，核心混凝土仅在局部屈曲区被压破，但由于钢管的约束作用，核心混凝土仍保持完整。同时，由于实现了多腔约束，核心混凝土没有出现剪切裂缝。综上所述，多腔约束钢管有助于增强对核心混凝土的约束作用，从而在很大程度上防止核心混凝土剪切裂缝的快速扩展，改变了多腔圆端形钢管混凝土柱的破坏模式。

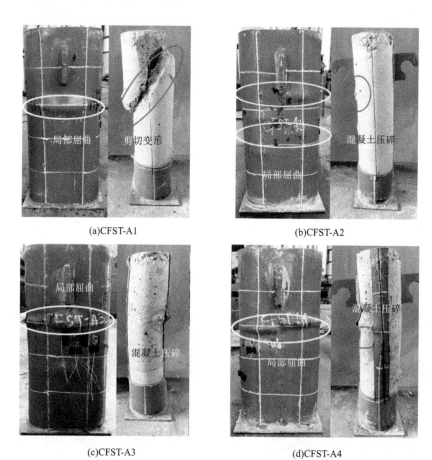

(a)CFST-A1　　　　　　　　　　(b)CFST-A2

(c)CFST-A3　　　　　　　　　　(d)CFST-A4

图2.4　试件核心混凝土破坏形态

2.3.2　轴向荷载–应变曲线

图 2.5 所示为试件的荷载–应变曲线，钢管混凝土柱轴压试验过程可分为弹性阶段、弹塑性阶段和破坏阶段。

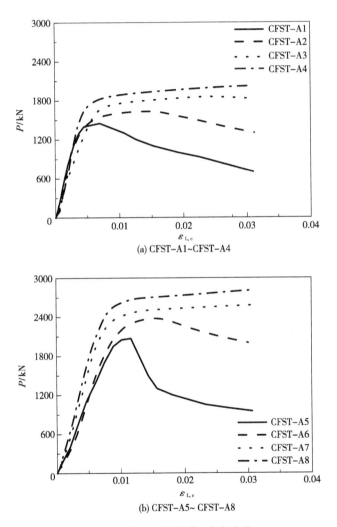

(a) CFST–A1~CFST–A4

(b) CFST–A5~ CFST–A8

图 2.5　轴压试件荷载–应变曲线

（1）弹性阶段：加载初期（约极限承载力的 70%）之前，随着荷载的增大，试件轴向变形也基本呈线性增长，试件的抗压刚度明显大于其他阶段，试件外观没有明显变化。轴向载荷与应变曲线呈线性响应。

（2）弹塑性阶段：当施加荷载为极限承载力的60%左右时，钢管开始屈服，轴向荷载-应变曲线也呈现出弹塑性行为。同时，外层钢管开始逐渐对核心混凝土产生约束作用。在这一阶段，可以观察到由于端部效应，钢管明显的局部屈曲最初出现在试件的上端和下端附近，后来在试件中部产生，局部屈曲发展迅速。当施加载荷达到峰值时，钢管外表面出现了明显的屈曲现象。

（3）破坏阶段：达到极限荷载之后，随着轴向变形的增加，试件变形加剧，这主要是由于核心混凝土的压碎和钢管的进一步屈曲，试件荷载不断下降直到加载结束。3腔室及4腔室钢管混凝土柱试件并无下降曲线，承载力一直保持上升。试验结果表明，多腔约束能有效提高钢管混凝土柱的极限承载力。

图2.6所示为CFST-A1试件中部截面不同位置（圆弧中点、转角和直边中点等处）的荷载-应变曲线。试验结果显示，在弹性阶段曲线呈线性变化，进入弹塑性阶段后，圆端形钢管的变形较大，试件出现明显的屈曲，应变采集不易控制。

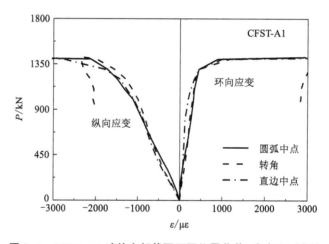

图2.6 CFST-A1试件中部截面不同位置荷载-应变实测曲线

2.3.3 极限承载力

多腔钢管是 CFST 短柱的显著特点，与传统 CFST 短柱有明显的区别。图2.7给出了腔室数量和截面长宽比对极限承载力的影响。

钢管腔室数量为变量，其他参数与前文相同。与 CFST-A1 试件相比，CFST-A2、CFST-A3 和 CFST-A4 试件的极限承载力分别提高了 20.0%、24.1% 和 33.1%，钢管腔室数量从 1 个增加到 2 个、3 个和 4 个。与 CFST-A5 试件相比，当钢管腔室数量由 1 个增加到 2 个、3 个和 4 个时，CFST-A6、CFST-A7 和 CFST-A8 试件的极限承载力分别提高了 15.9%、21.3% 和 31.2%。由此可见，采用多腔约束钢管有助于提高组合短柱的极限承载力。

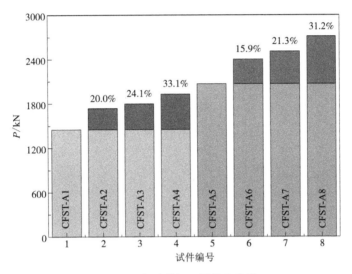

图 2.7　各试件极限承载力比较

长宽比是影响 CFST 短柱性能的另一个关键参数，同样需要仔细研究。长宽比为 2 和 3，其他参数同上，与 CFST-A1 ~ CFST-A4 试件相比，CFST-A5 ~ CFST-A8 试件的极限承载力分别显著提高了 33.4%、37.9%、39.4% 和 40.8%，长宽比从 2 增加到 3。综上所述，长宽比对极限承载力有显著影响。

2.3.4　延性

延性是反映结构或试件变形能力的一个重要指标，是结构、试件在超过弹性阶段后其承载能力无显著下降段情况下的变形能力。因此本节选取延性指数 (DI) 来量化各参数对 CFST 短柱延性的影响。延性指数定义为：

$$DI = \frac{\varepsilon_{0.85}}{\varepsilon_{b}} \qquad (2-1)$$

式中：$\varepsilon_{0.85}$ 为荷载降至极限荷载 85% 时的轴向应变；$\varepsilon_b = \varepsilon_{0.75}/0.75/0.75$，$\varepsilon_{0.75}$ 为峰值前阶段荷载达到极限荷载 75% 时的轴向应变。

图 2.8 对比了利用式（2-1）估算的所有试件的延性指数（DI），延性指数（DI）越大，曲线下降越慢。可以发现，与 CFST-A1 试件相比，将多个腔室焊接至钢管后，CFST-A2、CFST-A3 和 CFST-A4 试件的 DI 值分别显著提高了 44.1%、72.9% 和 91.5%。此外，与 CFST-A5 试件相比，CFST-A6、CFST-A7 和 CFST-A8 的 DI 值分别显著提高了 100.4%、173.9% 和 239.1%。

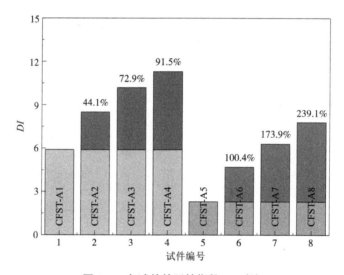

图 2.8　各试件的延性指数 DI 对比

因此，钢管腔数越多，试件含钢率越高，延性越好，在工程实践中建议长宽比较大的 CFST 短柱应适当配置多腔钢管。

2.3.5　强度-质量比

本节引入强度-质量比（γ）的概念，研究不同参数对 CFST 短柱抗压性能的影响，这里定义为复合短柱的极限承载力（N_u）除以组合短柱的自重（G）。

图 2.9 对比了不同参数对复合短柱强度-质量重比（γ）的影响。与 CFST-A1 试件相比，CFST-A2、CFST-A3 和 CFST-A4 试件的强度-质量比（γ）分别提高了 18.6%、18.9% 和 23.4%；与 CFST-A5 试件相比，CFST-A6、CFST-A7 和 CFST-A8 试件的强度-质量比（γ）分别提高了 28.4%、31.4% 和

36.2%。但需要注意的是，CFST-A2 与 CFST-A3、CFST-A6 和 CFST-A7 试件的强度-质量比(γ)提高有限，说明 3 腔约束较 2 腔约束对组合柱强度-质量比(γ)的提高有限。

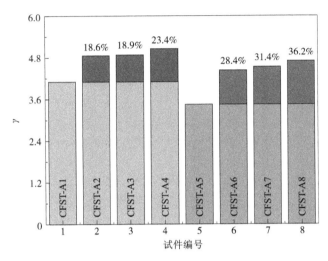

图 2.9　各试件强度-质量比对比

综上所述，相同截面尺寸的多腔 CFST 短柱的极限承载力明显高于单腔 CFST 短柱，同时，在建筑中使用多腔 CFST 短柱可以减小试件横截面面积，增大建筑使用空间。

2.3.6　应变

钢管表面横向变形系数(v_{sc})定义为钢管环向应变与纵向应变比值的绝对值，横向变形系数可以反映钢管对核心混凝土产生的套箍约束作用，横向变形系数越大，其套箍约束作用越强。

分析时以 CFST-A1 与 CFST-A5、CFST-A2 与 CFST-A6、CFST-A3 与 CFST-A7 试件圆弧中点处横向变形为例，长宽比对轴压短柱外钢管横向变形系数的影响如图 2.10 所示。首先，在加载初始阶段，测得的钢材横向变形系数恒定，近似等于钢的泊松比，说明钢管与核心混凝土是独立工作的，两者之间不产生约束效应。此后，钢管表面横向变形系数逐渐增大，当施加荷载为极限承载力的 50%~70% 时，钢材横向变形系数进一步超过泊松比。这种应变比的变化说明钢管对核心混凝土产生了明显的约束作用。需要指出的是，随着长宽比的增大，钢管对核心混凝土的约束作用逐渐减弱。

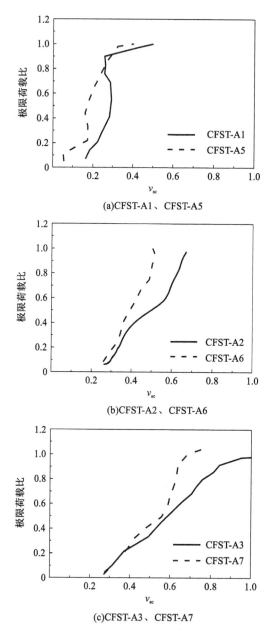

图2.10　长宽比对轴压短柱外钢管横向变形系数的影响

试件荷载-钢管横向应变关系曲线如图 2.11 所示，考虑到腔室数量为 4 时，圆弧中点焊接影响应变测试精度，分析时以 CFST-A1、CFST-A2、CFST-A3 和 CFST-A5、CFST-A6、CFST-A7 试件圆弧中点处横向变形为例，横坐标为钢材表面横向应变，纵坐标为荷载比。可知，同等荷载比条件下，腔室数量越多，钢材表面横向应变越大，表明钢管对核心混凝土的约束效果越强，这与承载力变化规律相吻合。

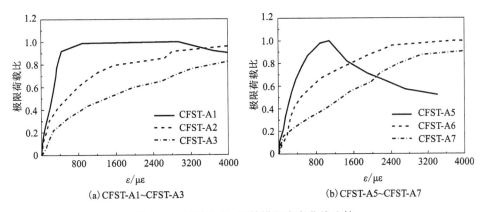

图 2.11　试件荷载-钢管横向应变曲线比较

2.4　有限元分析

2.4.1　模型建立

到目前为止，大量的数值研究已经验证了圆形、方形、矩形和各种截面形式的钢管混凝土短柱的轴压性能可以通过精细化的有限元建模实现合理的预测。ABAQUS 有限元软件对钢管混凝土轴压短柱及多腔钢管约束混凝土轴压短柱的受力分析已有大量学者做了相关研究，并取得了良好的分析结果。

本节中笔者应用 ABAQUS 有限元软件对多腔圆端形轴压短柱进行三维实体建模。圆端形钢管、加载板有限元单元类型采用 4 节点曲面薄壳减缩积分的壳单元（S4R），钢管内部核心混凝土采用 8 节点减缩积分的三维实体单元（C3D8R）。圆端形钢管和混凝土接触采用面-面摩擦型接触关系，摩擦型接触由法线和切线方向构成。切线方向的接触按照库仑摩擦来定义，摩擦系数选为0.5；法线方向的接触按照"硬接触"来定义，允许钢管和混凝土之间有微小的有限滑移。柱顶端按照位移加载约束除轴向位移外的所有自由度。网格划分技术采用结构化网格划分技术。

为了测出组合短柱轴向荷载-应变曲线的下降阶段，通过荷载顶端的规定位移施加荷载。此外，CFST 短柱底部和顶部的所有自由度都受到约束，而在加载的顶端释放试件的轴向位移。为便于收敛和精确模拟，有限元模型采用结构化网格划分技术，如图 2.12 所示。

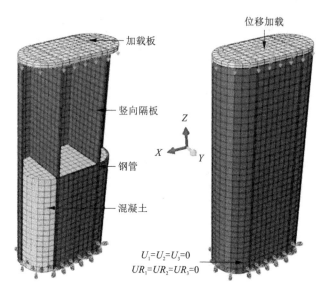

图 2.12　有限元模型网格划分

混凝土受压本构关系及相应的参数取值见丁发兴的研究成果，具体表达式如下：

$$y = \begin{cases} \dfrac{A_1 x + (B_1-1)x^2}{1+(A_1-2)x+B_1x^2} & x \leq 1 \\[3mm] \dfrac{x}{\alpha_1(x-1)^2+x} & x > 1 \end{cases} \qquad (2-2)$$

式中：$y = \sigma/f_c$；$x = \varepsilon/\varepsilon_c$；$\sigma$ 为应力，MPa；f_c 为轴心抗压强度，$f_c = 0.4 f_{cu}^{7/6}$；ε 为应变；ε_c 为受压峰值应变，$\varepsilon_c = 383 f_{cu}^{7/18} \times 10^{-6}$；$A_1$、$B_1$ 为上升段参数，$A_1 =$

$9.1f_{cu}^{-4/9}$，$B_1=1.6(A_1-1)^2$。

考虑混凝土板中箍筋的约束作用，当混凝土横向配箍率为 2% 及以上时，取下降段参数 $\alpha_1=0.15$；当箍筋率为 0 时，取 $\alpha_1=2.5\times10^{-5}f_{cu}^3$，横向配筋率为 0~2%时，$\alpha_1$ 采用线性内插的方式，能较好地体现箍筋对组合梁中混凝土的约束作用。混凝土弹性阶段泊松比取 0.2，采用 ABAQUS 中的塑性损伤本构模型，取模型中流动偏角为 0.1，双轴等压时强度与单轴强度之比取为 1.225，拉、压子午线上第二应力不变量比值取 0.667，黏性系数取为 0.0005，膨胀角取为 40°。

混凝土受拉的本构关系及相应的参数取值如下：

$$y=\begin{cases}\dfrac{A_2x+(B_2-1)x^2}{1+(A_2-2)x+B_2x^2} & x\le1\\[2mm]\dfrac{x}{\alpha_2(x-1)^2+x} & x>1\end{cases}\qquad(2-3)$$

式中：$y=\sigma/f_t$；$x=\varepsilon/\varepsilon_t$；$\sigma$ 为应力，MPa；f_t 为轴心抗拉强度；$f_t=0.24f_{cu}^{2/3}$；ε 为应变；ε_t 为受拉峰值应变，$\varepsilon_t=67f_{cu}^{1/2}\times10^{-6}$；$A_2$、$B_2$ 为上升段参数，$A_2=1.306$，$B_2=0.15$；α_2 为下降段参数，$\alpha_2=1+3\times10^{-4}f_{cu}^2$。

钢材的应力-应变关系取为：

$$\sigma_i=\begin{cases}E_s\varepsilon_i & \varepsilon_i\le\varepsilon_y\\ f_s & \varepsilon_y<\varepsilon_i\le\varepsilon_{st}\\ f_s+\zeta E_s(\varepsilon_i-\varepsilon_{st}) & \varepsilon_{st}<\varepsilon_i\le\varepsilon_u\\ f_u & \varepsilon_i>\varepsilon_u\end{cases}\qquad(2-4)$$

式中：σ_i 为钢材的等效应力；$f_u=1.5f_s$；ε_i 为钢材的等效应变；ε_y 为钢材屈服时的应变；ε_{st} 为钢材强化时的应变，$\varepsilon_{st}=12\varepsilon_y$；$\varepsilon_u$ 为钢材达极限强度时的应变；$\varepsilon_u=120\varepsilon_y$；$\zeta=1/216$；钢材弹性模量 $E_s=2.06\times10^5$ MPa；弹性阶段泊松比取 0.285。

2.4.2　有限元计算结果验证

图 2.13 所示为各轴压短柱试件荷载-应变计算曲线与试验曲线比较。有限元计算曲线和试验曲线总体上吻合较好。表 2.1 给出了有限元计算所得极限承载力值(N_c)和试验极限承载力值(N_t)。可知，试验值整体要稍大于有限元计

算值，试验结果与有限元计算结果比值的均值为 1.027，离散系数为 0.044，满足工程需要。

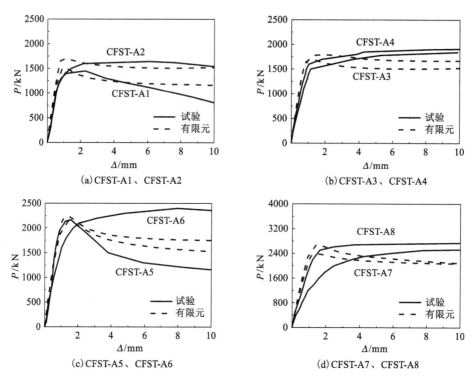

(a) CFST-A1、CFST-A2

(b) CFST-A3、CFST-A4

(c) CFST-A5、CFST-A6

(d) CFST-A7、CFST-A8

图 2.13　轴压短柱试件荷载-应变有限元计算曲线与试验曲线比较

选取 CFST-A1 为典型试件进行钢管不同位置处应变分析，图 2.14 显示了有限元计算得到的 CFST-A1 轴压短柱试件中部截面位置(圆弧中点、圆弧与直边转角和直边中点)的荷载-纵向应变曲线、荷载-环向应变曲线与试验结果的比较，结果显示，两者在弹性阶段曲线呈线性变化且基本吻合，进入弹塑性阶段后，圆端形钢管的变形较大，试件出现明显的屈曲，应变采集不易控制，有限元计算应变与试验应变吻合相对较差，但在误差范围内。

与此同时，选取已有研究获得的一系列试验数据进一步验证有限元建模方法的有效性，如图 2.15 所示。模拟曲线与试验曲线吻合较好，此外，所有试件的极限承载力试验结果与模拟结果差异小于 6%。经过验证，本书的有限元建模方法可以很好地预测 CFST 短柱在轴向荷载作用下的受力性能，为进一步研究奠定基础。

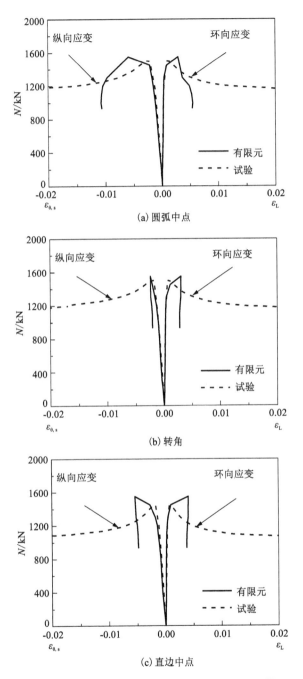

图 2.14　各点处有限元计算曲线与试验曲线比较

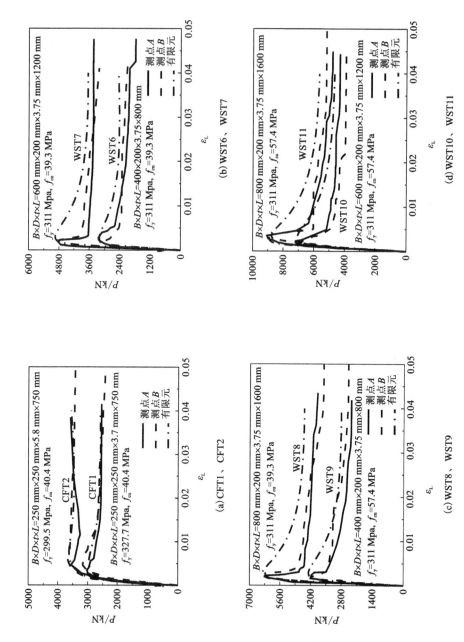

图2.15 试件轴向荷载－应变曲线试验与有限元结果对比

2.4.3　多腔圆端形钢管混凝土轴压短柱相互作用分析

为了更深入地了解短柱在轴向荷载作用下的受力特性,本节将对外层钢管、核心混凝土和横隔板之间的相互作用进行全面探索,揭示钢管不同部位的应力-应变发展规律。下面以不同腔室的短柱为例,研究复合短柱的抗压性能。

1. 核心混凝土的应力分析

图 2.16 为短柱核心混凝土不同部位的平均应力-应变曲线和核心混凝土中点的轴向应力-应变曲线。

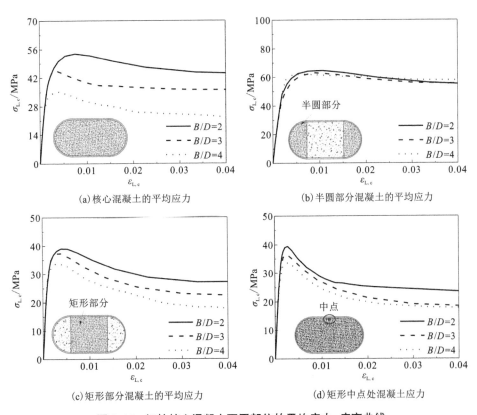

图 2.16　短柱核心混凝土不同部位的平均应力-应变曲线

(1)如图 2.16(a)所示,随着试件截面长宽比(B/D)的增大,核心混凝土平均应力逐渐减小,B/D=1 的试件核心混凝土平均应力值最大。由图 2.16(b)可知核心混凝土半圆部分的峰值和平均应力–应变曲线几乎完全相同，说明半圆钢管对核心混凝土的约束作用受长宽比(B/D)影响很小。

（2）由图 2.16（c）可知，对于矩形部分核心混凝土，平均应力也随着长宽比(B/D)的增大而减小。由图 2.16（d）可知，核心混凝土中点的轴向应力较小。由此可见，上述对比清楚地揭示了矩形部分钢管的约束效应是最弱的，因此，笔者提出一种新的方法，即多腔约束以增强矩形部分钢管对核心混凝土的约束效应。

如图 2.17 所示为不同腔室短柱核心混凝土平均应力–应变曲线。可见，在初始加载阶段，组合柱间的平均应力–应变曲线没有变化，且基本保持不变。随着腔室数量的增加，核心混凝土的平均应力增大，而 3 腔和 4 腔组合柱的平均应力–应变曲线基本相同。

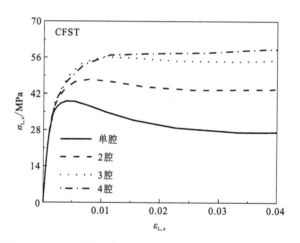

图 2.17　不同腔室短柱核心混凝土的平均应力–应变曲线

图 2.18 所示为截面矩形部分核心混凝土中部截面不同点处的轴向应力–应变曲线。如图 2.18（a）所示，钢管在 C 点对核心混凝土的约束作用最大，其次是 B 点和 A 点。如图 2.18（b）所示，对于 2 腔 CFST-A2 试件，钢管在 A 点和 C 点对核心混凝土的约束作用几乎相同，B 点的约束作用最弱。如图 2.18（c）所示，对于 3 腔的 CFST-A3 试件，C 点钢管对核心混凝土约束作用最大，其次为 B 点和 A 点。如图 2.18（d）所示，对于 4 腔的 CFST-A4 试件，A 点处钢管对核心混凝土的约束作用最大。

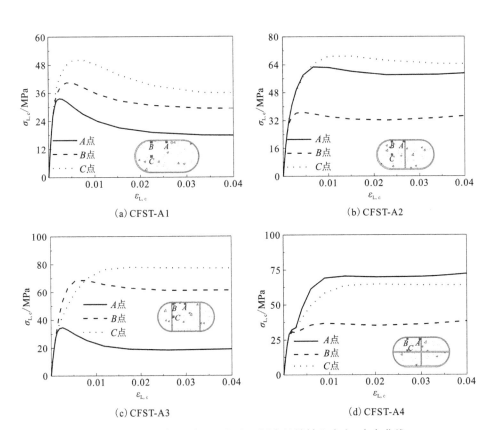

图 2.18　矩形部分核心混凝土不同点处的轴向应力-应变曲线

图 2.19 所示为 CFST-A1 和 CFST-A2 试件在不同位置的核心混凝土横向应力-应变曲线对比。由图 2.19 可知，CFST-A1 试件核心混凝土最大侧应力分别为 1.46 MPa、5.12 MPa 和 9.40 MPa。竖直隔板焊接后，CFST-A2 试件核心混凝土最大侧应力分别达到 8.81 MPa、5.16 MPa 和 9.16 MPa。对比可知，钢管在 A 点和 B 点对核心混凝土的约束作用基本相同，而焊接竖直隔板可以有效提高钢管在 C 点对核心混凝土的约束作用。

图 2.20 为核心混凝土极限状态应力云图，显然核心混凝土的无约束面积随着钢管内单元的增加而减小。此外，由于圆形钢管对核心混凝土的强烈约束作用，核心混凝土在半圆截面上的约束面积几乎没有差异。试件圆钢管部分对核心混凝土的约束作用不受腔室布置影响。最值得注意的是，2 腔和 4 腔之间的核心混凝土无约束面积几乎相同，说明 4 腔钢管对核心混凝土的约束作用并

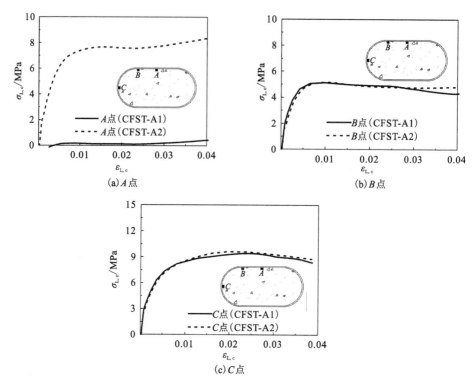

图 2.19　不同位置的核心混凝土横向应力-应变曲线

不能显著提高,半圆竖直隔板对约束作用的影响有限,甚至可以忽略,如图 2.20(b)~(d)所示。

2. 钢管应力分析

钢管中的应力-应变曲线可以反映钢管与核心混凝土的协同工作效应。当钢管轴向应力-应变曲线与横向应力-应变曲线重合时,钢管对核心混凝土具有较强的约束作用。

图 2.21 为钢管中部截面不同位置的轴向/横向应力-应变曲线对比图,测点布置如图 2.2 所示。可以发现,在钢管的 S_1 点,轴向应力曲线与横向应力曲线几乎同时出现了若干个交点。结果表明: S_1 点的半圆形钢管对核心混凝土具有较大的约束作用,且不受竖直隔板的影响。此外,在 S_2 点,3 腔钢管的约束作用略大于单腔、2 腔和 4 腔钢管,如图 2.21(b)所示。同时,2 腔钢管和 4 腔

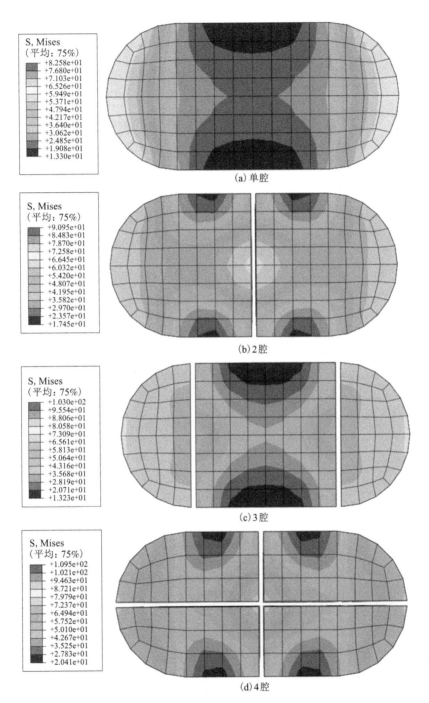

(a) 单腔

(b) 2 腔

(c) 3 腔

(d) 4 腔

图 2.20　核心混凝土极限状态应力云图

钢管的约束作用最大，3 腔钢管次之，单腔室钢管次之，如图 2.21(c) 所示。上述分析结果与核心混凝土的应力分析结果相吻合。

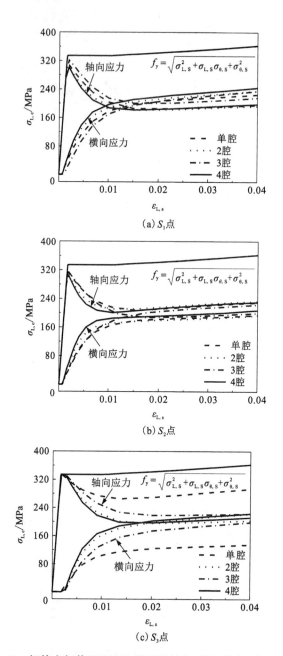

图 2.21　钢管中部截面不同位置处的轴向/横向应力–应变曲线

2.5　多腔圆端形钢管混凝土轴压短柱承载力实用计算公式

2.5.1　模型简化

目前，钢管混凝土短柱极限承载力的计算采用了不同的设计方法，包括圆形截面、方形截面、矩形截面等。但需要注意的是，目前的设计方法仅适用于传统的钢管混凝土短柱，多腔圆端形钢管混凝土短柱未纳入设计范围。因此，本书试图在上述分析的基础上，建立一种新的短柱极限承载力计算公式。

由图 2.20 可知，2 腔及 3 腔分布均能较高地提高轴压短柱极限承载力，而 4 腔分布，相对而言，约束薄弱区域所占比重较大，因为 4 腔约束没有改变钢管长宽比较大的状态。提取承载力，证实了应力云图显示的规律，因此，建议长宽比较大的多腔圆端形钢管混凝土柱应使多腔布置后的腔室长短边相近。

本书确定 CFST-A1 ~ CFST-A8 轴压短柱达到极限承载力时钢管表面所对应的纵向应力($\sigma_{L,s1}$)，并根据 von Mises 屈服准则，得到圆端形钢管环向受拉应力平均值($\sigma_{\theta,s1}$)，再求得混凝土环向应力及轴压应力，最后，基于截面平衡，提出多腔圆端形钢管混凝土轴压短柱极限承载力公式。

由上述分析可知，在半圆区域，单元布置对钢管对核心混凝土的约束作用几乎没有影响。短柱可以看作圆形短柱和矩形/方形短柱的组合。因此，可以根据极限平衡法推导出复合短柱极限承载力的实用计算公式。从数值结果中提取短柱极限状态的应力分布，如图 2.20(c)所示，CFST 短柱的应力分布可以简化计算，如图 2.22 所示。

上述推导是基于应力分布和混凝土截面与极限状态的叠加原理，其中 $A_{c,s1}$ 为核心混凝土无方形钢管约束面积，mm^2，$A_{c,s2}$ 为核心混凝土方形钢管约束面积，mm^2，$A_{c,c}$ 为核心混凝土圆钢管约束面积，mm^2，A_c 为核心混凝土的总横截面积，mm^2，D(短边)分别为截面主轴方向的外向尺寸和截面两个半圆的直径，mm，t 为钢管壁厚，mm，d 为方形混凝土的宽度，mm，$d = d - 2t$，如图 2.22 所示。可表示如下关系：

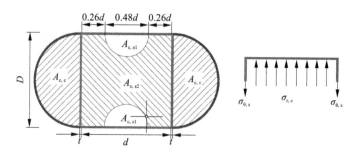

图 2.22 多腔圆端形钢管混凝土柱截面应力分布

$$\begin{cases} A_{c,c}+A_{c,s}=A_c \\ A_{c,s1}=0.18A_{c,s} \\ A_{c,s2}=0.82A_{c,s} \end{cases} \quad (2-5)$$

2.5.2 公式建立

在验证有限元模型的基础上，进一步展开钢材屈服强度、混凝土强度、含钢率和长宽比等参数分析，研究了组合短柱的抗压性能。同时，建立了 96 个有限元模型，分析了钢屈服强度 Q235～Q420、混凝土强度覆盖范围为 C40～C100、含钢率 0.05～0.2、长宽比 1～4 等参数，以上参数根据工程实践选择（表 2.2）。

表 2.2 模型参数匹配表

序号	截面厚 D/mm	截面宽 B/mm	长宽比	腔室布置	材料匹配	数量/个
1	400	400	1	1	Q235/C40, Q235/C60 Q345/C60, Q345/C80 Q420/C80, Q420/C100	24
2	400	800	2	1～2	Q235/C40, Q235/C60 Q345/C60, Q345/C80 Q420/C80, Q420/C100	24

续表 2.2

序号	截面厚 D/mm	截面宽 B/mm	长宽比	腔室布置	材料匹配	数量/个
3	400	1200	3	1~3	Q235/C40，Q235/C60 Q345/C60，Q345/C80 Q420/C80，Q420/C100	24
4	400	2000	4	1~4	Q235/C40，Q235/C60 Q345/C60，Q345/C80 Q420/C80，Q420/C100	24
范围或合计		400~2000	1~4	1~4	Q235/C40，Q235/C60 Q345/C60，Q345/C80 Q420/C80，Q420/C100	96

　　当荷载应变响应数值达到极限状态(即最大承载能力)时，得到方/矩形钢管端点、1/4 点和中间截面中点处的纵向应力。CFST 短柱轴向应力–屈服强度比与极限强度($f_{sc} = N_u/A_{sc}$)的关系如图 2.23 所示，其中 $\sigma_{L,s}$ 为钢管的轴向应力。

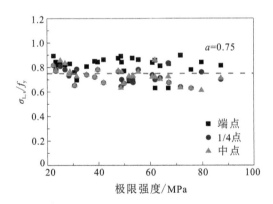

图 2.23　钢管轴向压应力与屈服应力的平均比值

　　由图 2.23 可知，当 CFST 短柱达到极限强度时，轴向压应力与屈服应力的平均比值为：

$$\sigma_{L,s} = 0.75 f_y \qquad (2-6)$$

由图 2.22 可知，CFST 短柱达到极限强度时，轴向压应力与屈服应力的平均比值为：

$$\sigma_{L,s} = 0.75 f_y \qquad (2-7)$$

根据钢的 von Mises 屈服准则，可得钢管的拉伸横向应力 $\sigma_{\theta,s}$ 为：

$$\sigma_{\theta,s} = 0.36 f_y \qquad (2-8)$$

如图 2.22 所示，极限状态下核心混凝土径向应力（$\sigma_{r,c}$）与钢管横向应力（$\sigma_{\theta,s}$）的关系可表示为：

$$\sigma_{r,c} = \frac{2t\sigma_{\theta,s}}{d} \qquad (2-9)$$

考虑围压应力，核心混凝土轴向压应力（$\sigma_{L,c}$）可表示为：

$$\sigma_{L,c} = f_c + p\sigma_{r,c} \qquad (2-10)$$

式中：p 为钢管侧压力系数，$p = 3.4$。

根据现有轴压短柱静力平衡准则和设计方法，短柱极限承载力 N_u 由圆形短柱 $N_{u,c}$ 和矩形 CFT 短柱 $N_{u,s}$ 两部分组成，则公式为：

$$N_u = N_{u,c} + N_{u,s} \qquad (2-11)$$

$$N_u = (A_{c,c}f_c + 1.7A_{s,c}f_y) + (n-1)(\sigma_{L,c}A_{c,s2} + f_c A_{c,s1} + \sigma_{L,s}A_{s,s}) \qquad (2-12)$$

式中：$A_{s,c}$ 为圆形部分钢管面积，mm^2；$A_{s,s}$ 为矩形部分钢管面积，mm^2；A_s 为截面所有钢管面积，mm^2，$A_s = A_{s,c} + A_{s,s}$；n 为截面长宽比（B/D）。

因此，将式（2-5）~式（2-9）代入式（2-11），钢管混凝土柱的极限承载力（N_u）可以表示为：

$$N_u = (A_{c,c}f_c + 1.7A_{s,c}f_y) + [(n-1)A_{c,s}f_c + 1.25A_{s,s}f_y] \qquad (2-13)$$

$$N_u = A_c f_c + (1.7A_{s,c} + 1.25A_{s,s})f_y \qquad (2-14)$$

当长宽比 $n = B/D = 1$，式（2-14）可表示为：

$$N_u = A_c f_c + 1.7A_y f_s \qquad (2-15)$$

考虑到多腔钢管对核心混凝土的约束作用，式（2-14）不仅适用于多腔圆端形短柱的极限承载力预测，也适用于圆形钢管混凝土短柱的抗压强度估算。

2.5.3 公式验证

为检验公式的准确性，保证公式的通用性，将 96 个有限元模型的有限元结果与不同计算公式对应的预测值进行比较，其比值为对应的预测值除以试验/有限元结果，如图 2.24 所示。平均值越接近 1，预测结果越准确。

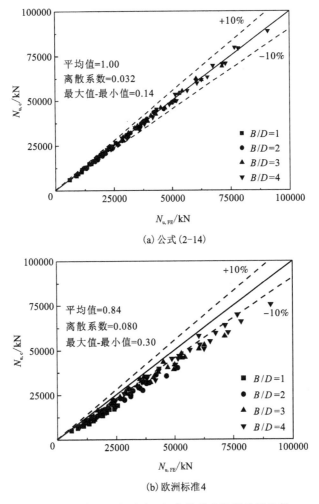

(a) 公式 (2-14)

(b) 欧洲标准 4

图 2.24　有限元与公式、规范承载力极限值的比较

如图 2.24 所示,使用式(2-14)计算时,$N_{u,FE}/N_{u,c}$ 的平均比值为 1.00,变异系数为 0.032,最大最小值为 0.14。本书的比较结果清楚地表明,数值结果与相应的预测结果吻合较好,因此所提出的式(2-14)用于预测极限承载力是合理的。同时可以发现,使用欧洲标准 4 时,$N_{u,FE}/N_{u,c}$ 的平均比值为 0.84,变异系数为 0.080,最大最小值为 0.30。显然,有限元计算结果远远大于标准欧洲标准 4 采用的相应预测值,而预测强度相对保守。这主要是由于在半圆形和矩形部分没有考虑钢管对核心混凝土的约束作用。综上所述,式(2-14)可作为估算短柱极限承载力的基本方法。

2.6 多腔圆端形钢管混凝土柱轴压刚度计算

钢管混凝土轴压短柱在弹性阶段受力过程中，钢管和混凝土基本处于相互独立的工作状态，钢管对混凝土基本不提供约束作用，多腔圆端形钢管混凝土柱轴压刚度可直接采用钢管和混凝土两者刚度进行叠加，计算公式如下：

$$(EA)_{sc} = E_c A_c + E_s A_s \qquad (2-16)$$

表 2.3 给出了本章 8 个多腔圆端形钢管混凝土柱的组合轴压刚度试验结果与式(2-16)计算结果的比较，图 2.25 所示为轴压刚度实验值与公式计算值结果比较。从表中可知，除部分试件计算结果与试验结果误差较大，超过 10% 外（试验误差引起），其他试件计算结果与试验结果符合较好，计算结果与试验结果比值的均值为 0.956，离散系数为 0.137。因此，采用式(2-16)计算的多腔圆端形钢管混凝土柱组合刚度均有足够的计算精度，可以满足工程计算的需要。

表 2.3 组合轴压刚度试验值与计算值比较

试件编号	试验值 /(10^6 kN · mm^{-1})	计算值 /(10^6 kN · mm^{-1})	计算值 /试验值
CFST-A1	1458	1160	0.829
CFST-A2	1379	1239	0.821
CFST-A3	1365	1319	0.872
CFST-A4	1702	1398	0.895
CFST-A5	1924	1741	1.000
CFST-A6	1787	1820	1.000
CFST-A7	1611	1899	1.229
CFST-A8	1787	2057	1.000
均值	—	—	0.956
离散系数	—	—	0.137

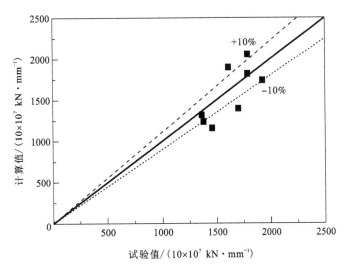

图 2.25　轴压刚度实验值与计算值结果比较

2.7　本章小结

　　进行了 8 个多腔圆端形钢管混凝土短柱轴压试验研究,建立了轴压荷载下的多腔圆端形钢管混凝土柱有限元模型,考察了腔室布置、长宽比等参数对试件轴压性能的影响,分析轴压性能力学指标,结论如下。

　　(1)试件在轴向荷载作用下,经历三个阶段,即弹性阶段、弹塑性阶段和破坏阶段。此外,竖直隔板可以有效防止和延缓核心混凝土剪切裂缝的扩展,从根本上改变 CFST 短柱的破坏模式。

　　(2)腔室布置越多,钢管含钢率越高,钢管约束作用越强,试件极限承载力越高,试件环向应变越大。长宽比越大,试件横向约束系数越小。CFST 短柱的极限承载力、延性和强度–质量比均随着钢管内腔室数量的增加而显著提高,多腔圆端形钢管混凝土短柱延性普遍表现较好,即 CFST 短柱的抗压性能得到了提高。

　　(3)建立考虑钢管、混凝土相互作用的轴压短柱三维实体有限元模型,计算结果与试验结果符合良好。随着长宽比的增大,钢管在半圆形部分对核心混凝土的约束作用基本不变,而在矩形部分对核心混凝土的约束作用逐渐减弱。

在钢管内焊接竖直隔板后，多腔钢管在半圆形部分对钢管对核心混凝土的约束作用几乎没有影响，而在矩形部分可以增强钢管对核心混凝土的约束作用。建议长宽比较大的多腔圆端形钢管混凝土柱应使多腔布置后的腔室长短边相近。

（4）合理简化多腔圆端形钢管混凝土轴压短柱极限承载力时截面的应力云图，基于截面极限平衡法建立了轴压短柱承载力实用计算公式，计算结果与试验结果吻合较好，并与各种规范或规程比较，本书所提出的承载力计算公式更为精确；提出了多腔圆端形钢管混凝土柱组合刚度计算公式，计算精度满足工程的需要。

第3章

多腔圆端形钢管混凝土纯弯性能研究

3.1 概述

目前国内外学者对多腔圆端形钢管混凝土纯弯柱的力学性能缺乏研究，本章对多腔圆端形钢管混凝土柱进行强轴方向的纯弯试验研究，主要工作如下：

(1)完成8根截面长宽比分别为2和3的圆端形钢管混凝土柱试件强轴向的纯弯试验研究，探讨腔室布置、长宽比等参数对其纯弯性能的影响。

(2)采用ABAQUS有限元软件建立纯弯试件有限元模型，并对上述试验进行验证，分析纯弯试件的受力全过程，提出最佳腔室布置形式。

(3)提出多腔圆端形钢管混凝土纯弯试件抗弯刚度和极限弯矩等计算公式，计算公式精度满足要求。

3.2 试验概况

3.2.1 试件设计

为研究多腔圆端形钢管混凝土柱的抗弯性能，设计并试验了8个试件，试件的长宽比(B/D)和腔室数量是抗弯试验考虑的关键参数。CFST的截面尺寸如图 3.1 所示。各试件详细信息如表 3.1 所示。其中 B 和 D 分别为 CFST 的长轴和短轴长度；t 为钢管和隔板的壁厚；L 为试件纵向尺寸；f_{cu} 为混凝土的立方强度；f_s 为钢材的屈服强度；ρ_s 为含钢率，定义为钢材面积(A_s)除以横截面面积(A_{sc})，即 $\rho_s = A_s / A_{sc}$，M_t 为试件受弯承载力试验值，M_c 为试件受弯公式计算值。

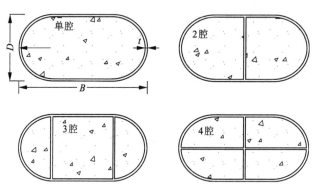

图 3.1　试件截面

表 3.1　试件参数

序号	试件编号	$B×D×t×L$ /（mm×mm×mm×mm）	B/D	腔室布置	f_s /MPa	f_{cu} /MPa	ρ_s/%	M_t /kN	M_c /kN
1	CFST-B1	228×114×3×2000	2	单腔	359	40	7.58	58.0	54.9
2	CFST-B2	228×114×3×2000	2	2 腔	359	40	9.05	56.5	54.9
3	CFST-B3	228×114×3×2000	2	3 腔	359	40	10.5	70.0	64.8
4	CFST-B4	228×114×3×2000	2	4 腔	359	40	12.0	71.0	67.0
5	CFST-B5	342×114×3×2000	3	单腔	359	40	6.75	128.4	124.6
6	CFST-B6	342×114×3×2000	3	2 腔	359	40	7.69	127.7	123.4
7	CFST-B7	342×114×3×2000	3	3 腔	359	40	8.64	156.5	159.7
8	CFST-B8	342×114×3×2000	3	4 腔	359	40	10.53	170.5	172.3

　　所有多腔圆端形钢管均采用 Q235 钢材制造，分为两个步骤。首先，将扁平钢板成型为 U 形钢。然后，两个 U 形钢和隔板通过对接焊缝焊接在一起。对接焊缝的使用符合《钢结构设计标准》（GB 50017—2017）。同时，在浇筑混凝

土之前确保钢管内表面清除所有锈蚀、碎屑及油污。然后，将盖板焊接在钢管的一端，钢管竖立放置，混凝土从钢管顶部灌入，并使用振动器仔细振动，使混凝土均匀分布在钢管内。与此同时，制备边长为 150 mm 的混凝土标准立方体，并在与试件使用的混凝土相同的条件下进行养护。最后，将红漆喷在钢管的外表面，并在喷有红漆的表面上标绘 50 mm×50 mm 的白色网格，以便更好地观察和记录每个试件的变形和破坏。

3.2.2 材料性能

在进行测试之前，根据《金属材料 拉伸试验 第 1 部分：室温试验方法》（GB/T 228.1—2021）和《混凝土物理力学性能试验方法标准》（GB/T 50081—2019）进行材料测试，获取混凝土和钢材的力学性能。

3.2.3 加载方法与测点布置

试验采用三分点加载方法。因为试件截面为圆端形，并且在试件强轴方向加载，对于长宽比 $B/D=2$、3 时，在强轴方向加载比较困难，且易于失稳，所以为保证试验加载时的稳定性，两端支座加工为与试件截面相同的半圆形凹槽支座，试件顶部放分配梁的支座处采用与试件截面形状相同的半圆形凹槽支座，并与分配梁同宽，如图 3.2 所示。同时在试件两端焊接两块大尺寸的矩形钢板，以保证在试件加载过程中不会出现偏斜，影响试验结果的精度，具体位置及端部稳定板见试验加载实物图。

(a) 底部支座　　　　　　　　(b) 顶部分配梁处支座

图 3.2　加载支座示意图

加载的设备有手动油压千斤顶、压力传感器和数值显示器。所用的测量仪器有位移计、百分表和 XL2118B 静态应变仪。为了更准确地测量试件的变形，每个试件中截面的钢管外表面的纵向和横向一共贴 5 个直角的电阻应变片,并在两端支座位置处放置 2 个百分表用于测量支座处的位移,在试件中部的底端和加载位置点的底端一共放置 3 个位移计用于测量试件底部的位移变形量。

试验加载采用单调连续加载方式,弹性范围内每级荷载为预计极限荷载的 1/10,当钢材屈服后,每级荷载约为试件极限荷载的 1/20,每级荷载持续约 3 min。当试件达到极限承载力之后接近破坏时采用连续慢速加载方式,在此期间数据的采集均为连续采集。当试件达到破坏,跨中的挠度达到 0.015L 时,试验停止。应变值由 XL2118B 静态应变仪测量系统采集。加载装置示意图如图 3.3 所示。

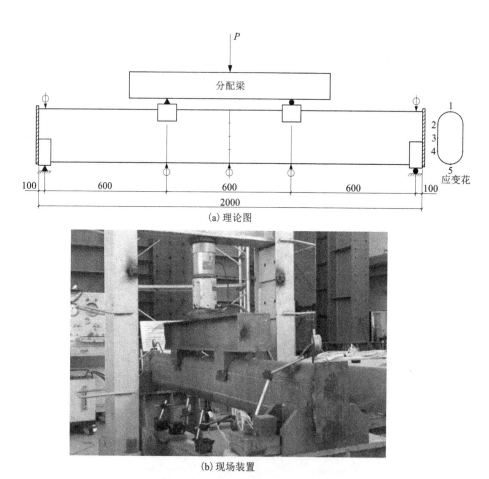

图 3.3 典型试验加载装置示意图及测点布置(单位: mm)

3.3　试验结果分析

3.3.1　破坏模式

本试验进行了两种截面长宽比、4 种腔室布置的多腔圆端形钢管混凝土柱纯弯试验，结果表明：①多腔圆端形钢管混凝土受弯试件在加载初期，试件无明显变形，随着荷载的增加，圆端形钢管混凝土受弯试件呈现弓形的破坏形态。②随着荷载的持续增大，弓形变得越来越明显，且腔室布置越多，裂缝宽度、裂缝范围更小。图 3.4 所示为试件破坏形态。

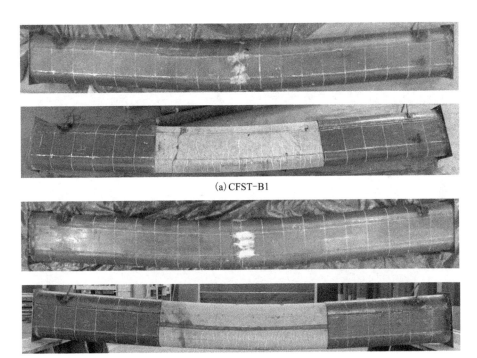

(a) CFST-B1

(b) CFST-B2

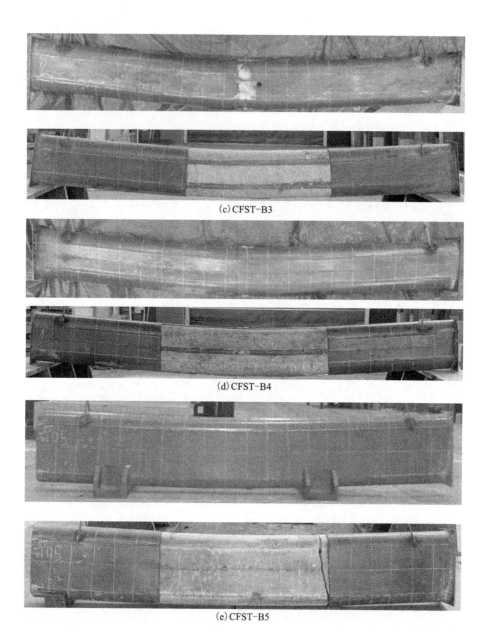

(c) CFST-B3

(d) CFST-B4

(e) CFST-B5

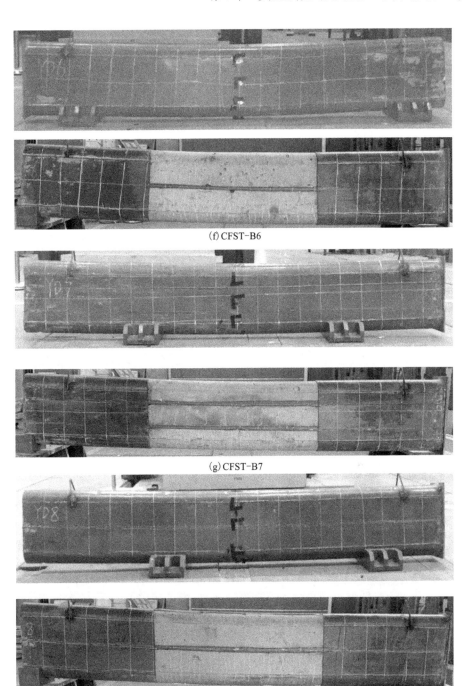

(f) CFST-B6

(g) CFST-B7

(h) CFST-B8

图 3.4　试件破坏形态

　　图 3.5 展示了 4 组试件的梁长–挠度曲线。显然在整个加载过程中，跨中两侧的变形几乎是对称的，而且所测的挠度曲线都呈半正弦波形状。

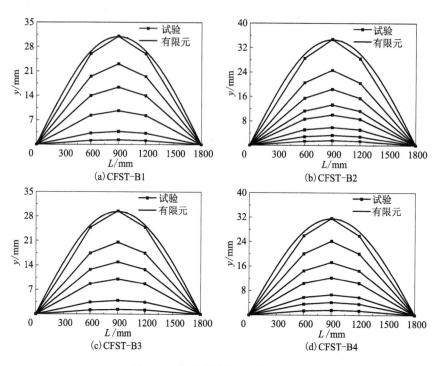

图 3.5　典型试件梁长–挠度曲线

　　图 3.6 所示为在外围钢管不同点处测得的弯矩–应变曲线。通过仔细观察，可以发现在加载初期随着荷载的增加，拉应变和压应变都呈线性增长且增长缓慢。随后，拉应变的增长速度超过了压应变。此外，受拉区域的钢管较受压区域的钢管更早达到屈服。以 CFST-B1 为例，点 3 处的应力状态首先受压然后受拉，表明随着加载的增加，中性轴逐渐从点 3 向上移动。

　　图 3.7 所示为钢管沿横截面高度方向的纵向应变分布，其中受压区应变定义为负，受拉区应变定义为正。由图可知，受拉区的拉应变增加速度比受压区的压应变快，因此拉应变的发展显然大于压应变的发展，这可能是由核心混凝土的压应力引起的。图 3.7 的分析结果与图 3.6 一致。同时，钢管的中性轴从形心轴向上移动，在中跨应变曲线的交点即平面的中性轴位置，试验结果表明试件受弯符合平截面假定。

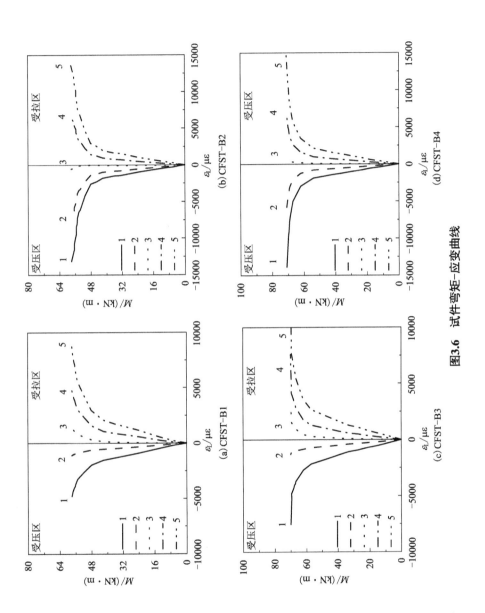

图3.6　试件弯矩-应变曲线

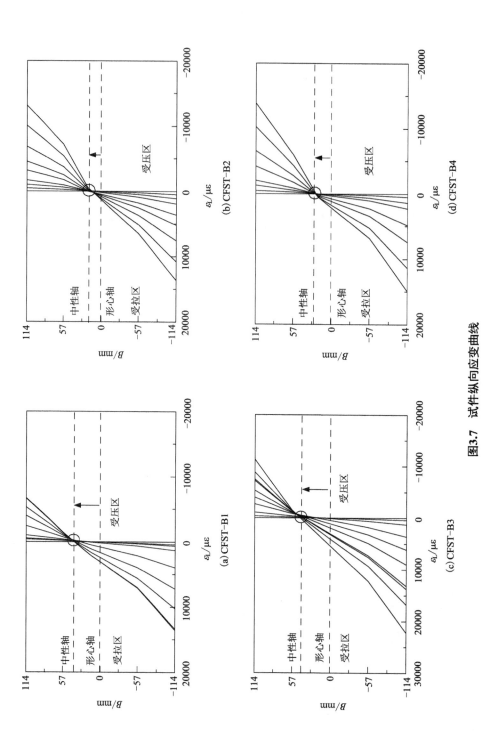

图3.7　试件纵向应变曲线

3.3.2　承载力

1. 弯矩-曲率曲线

多腔圆端形钢管混凝土纯弯试件的跨中截面弯矩(M)与曲率(ϕ)的关系曲线如图 3.8 所示。由图可知：截面长宽比越大，其跨中弯矩值越大，刚度也越大，并且在试验后期跨中荷载并没有出现下降段，但荷载增长的幅度较小。

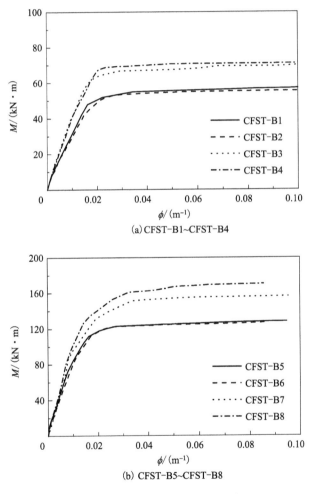

(a) CFST-B1~CFST-B4

(b) CFST-B5~CFST-B8

图 3.8　纯弯试验弯矩-曲率曲线

2. 腔室布置的影响

图 3.9 所示为腔室布置对多腔约束钢管混凝土柱受力性能的影响，腔室布置分别为单腔、2 腔、3 腔和 4 腔。由图可知：①腔室布置越多，钢管含钢率越高。相比于单腔试件，2 腔布置试件由于隔板位于纯弯试件中性轴位置，因此试件承载力提高较小，3 腔及 4 腔布置能有效提高试件极限承载力。②基于试验结果，对于长宽比较大的圆端形钢管混凝土试件，多腔布置有利于提高试件纯弯承载力。

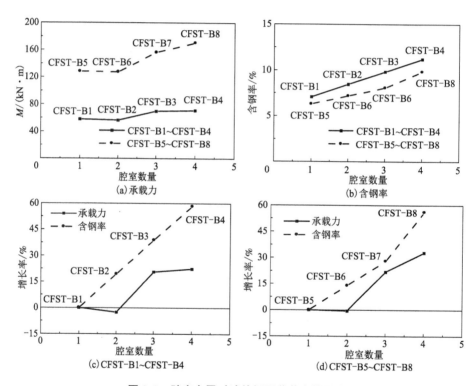

图 3.9　腔室布置对试件极限荷载力的影响

3. 长宽比的影响

图 3.10 所示为长宽比对多腔约束钢管混凝土柱受力性能的影响，长宽比分别为 2 和 3。由图可知：对于多腔约束钢管混凝土柱，同等截面高度，截面宽

度越大，钢材和混凝土面积更大，承载力越大。

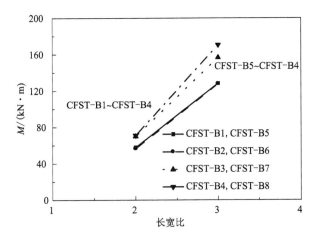

图 3.10　长宽比对试件极限荷载力的影响

3.3.3　应变

1. 纵向与环向应变实测曲线

选取 CFST-B1 为典型试件进行钢管不同位置处应变分析，图 3.11 显示了 CFST-B1 纯弯柱中截面位置分别在圆弧中点、转角和直边中点的荷载–纵向应变曲线、荷载–环向应变曲线，结果显示，在弹性阶段曲线呈线性变化，进入弹

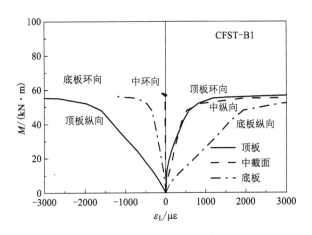

图 3.11　试验实测曲线

塑性阶段后，圆端形钢管的变形较大，试件出现明显的屈曲，应变采集不易控制。

2. 腔室布置对钢管约束作用的影响

分析时以试件 CFST-B1、CFST-B2、CFST-B3 圆弧中点为例（因焊接影响圆弧中点测试，未采用 CFST-B4 试件数据），如图 3.12 所示为腔室数量对极限弯矩比–应变比曲线的影响。由图可知，随着腔室数量的增加，环向应变逐渐增大，说明钢管的约束作用逐渐增强。这一结果与承载力的发展规律是一致的。

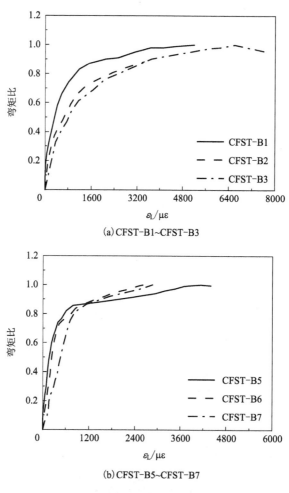

(a) CFST-B1~CFST-B3

(b) CFST-B5~CFST-B7

图 3.12　试件极限弯矩比–应变比曲线

3. 长宽比对钢管约束作用的影响

根据相关文献，应变比(v_{sc})即泊松比是评价钢管对核心混凝土约束作用的重要指标，这里定义为钢管环向应变除以轴向应变的绝对值。也就是说，应变比(v_{sc})越大，约束作用越大。

图 3.13 为不同长宽比下试件的极限弯矩比与应变比(v_{sc})曲线对比。由图可知，在荷载初始阶段，应变比保持不变，且近似等于钢材的泊松比，说明钢管与核心混凝土是独立工作的，钢管对核心混凝土没有产生约束作用。在达到实测极限荷载的 60% 后，应变比开始急剧增大，在试验过程中甚至超过 0.5，说明钢管对核心混凝土产生了明显的环箍约束作用。但需要注意的是，$B/D = 3$ 的 CFST（CFST-B1、CFST-B2、CFST-B3 试件）应变比明显小于 $B/D = 2$ 的 CFST（CFST-B5、CFST-B6、CFST-B7 试件）应变比。这种应变比的变化表明，长宽比(B/D)越大，钢管对核心混凝土的约束作用越小。

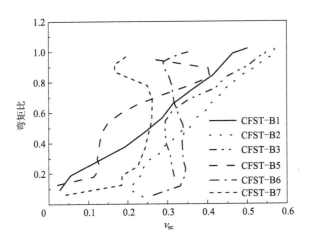

图 3.13　试验承载力–应变曲线

分析时以试件 CFST-B1、CFST-B2、CFST-B3 和 CFST-B5、CFST-B6、CFST-B7 顶面圆弧中点为例，钢材横向变形系数–荷载比关系曲线如图 3.14 所示，可知：①横向变形系数随试件承载力增长而增加，横向变形系数值超过 0.5，表明钢管对核心混凝土的套箍作用较强。②截面长宽比越大，钢管对核心混凝土的约束越弱，前期受荷过程中钢管的环向应变增长较小，横向变形系数也较小。

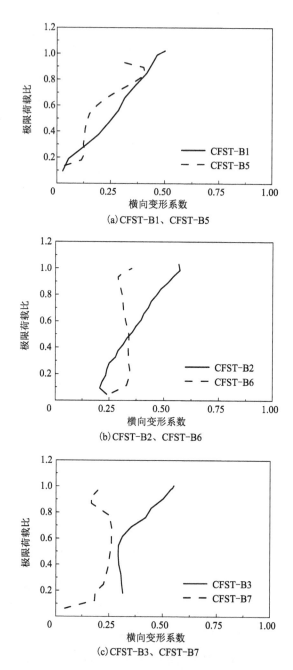

(a) CFST-B1、CFST-B5

(b) CFST-B2、CFST-B6

(c) CFST-B3、CFST-B7

图 3.14　长宽比对试件钢管横向变形系数的影响

3.4　有限元分析

3.4.1　模型建立

采用 ABAQUS 有限元软件对圆端形钢管混凝土纯弯柱进行三维实体模型分析,其中钢管和核心混凝土的单元类型、两者接触关系的界面模型、网格划分及有限元求解计算方法与第 2 章相同,模型单元如图 3.15 所示。

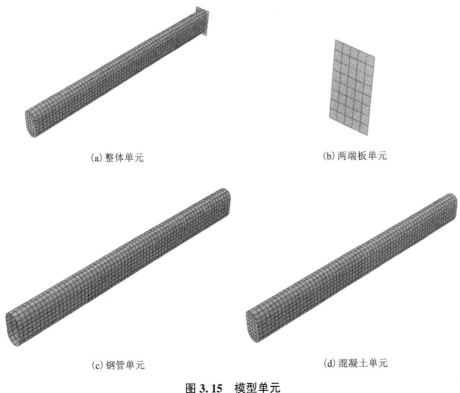

(a) 整体单元

(b) 两端板单元

(c) 钢管单元

(d) 混凝土单元

图 3.15　模型单元

钢材和核心混凝土的受压和受拉应力-应变关系见 2.4.1 节。

3.4.2 有限元计算结果验证

1. 破坏模式验证

采用 ABAQUS 有限元软件模拟分析，探究试验中长宽比 B/D 分别为 2 和 3 的圆端形钢管混凝土在强轴方向下受弯试件的力学性能。不同长宽比下纯弯试件试验破坏形态与有限元破坏形态的比较如图 3.16 所示，试验破坏形态与有限元破坏形态基本接近，均表现出弓形破坏。

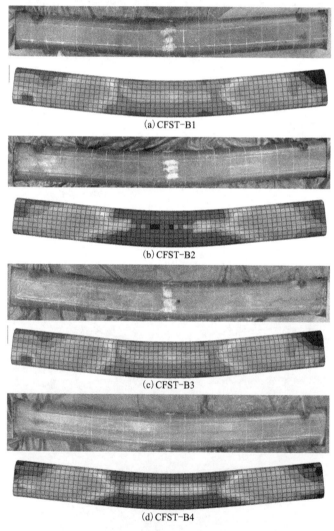

(a) CFST-B1

(b) CFST-B2

(c) CFST-B3

(d) CFST-B4

图 3.16 有限元破坏形态与试验破坏形态比较

2. 弯矩–曲率曲线验证

图 3.17 对比了试验结果与有限元结果的弯矩(M)–曲率(ϕ)曲线，反映了多腔圆端形钢管混凝土柱在各阶段的变形过程。加载初始阶段，弯矩(M)–曲率(ϕ)的试验结果与相应的有限元结果几乎没有差异。在弹塑性阶段和塑性阶段，试验结果与相应的有限元结果吻合较好。塑性阶段弯矩–曲率曲线直至试件破坏均无明显下降，表明 CFST 具有良好的延性。同时，所有试件的极限弯矩有限元结果与试验结果的比值均值为 0.969，离散系数为 0.034。

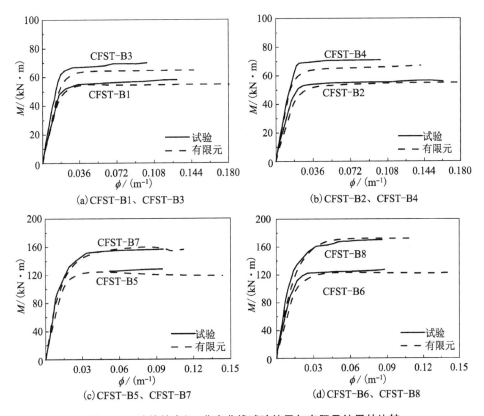

图 3.17 试件的弯矩–曲率曲线试验结果与有限元结果的比较

此外，为了进一步验证数值模拟的准确性，笔者还收集了更多的现有试验数据，如图 3.18 所示。对比结果表明，在不同阶段，有限元结果与试验结果吻合较好。所有试件的极限弯矩有限元结果与试验结果的差异均小于 8%。

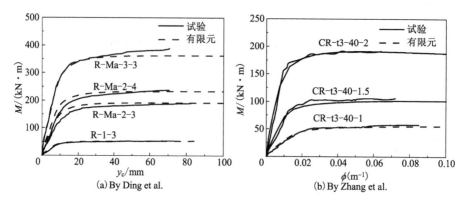

(a) By Ding et al.　　　　　(b) By Zhang et al.

图 3.18　试验结果与有限元结果的比较

3.4.3　全过程曲线分析

图 3.19 为有限元软件分析得到的典型预测弯矩(M)–曲率(ϕ)曲线。显然，所有 CFST 模型的整个加载过程可分为三个阶段：弹性阶段(OB)、弹塑性阶段(BD)和塑性阶段(DF)。在 CFST 的预测曲线上绘制了几个特征点，其中点 A 对应受拉区核心混凝土的初始开裂，点 B、点 C 分别对应受拉侧钢管的比例极限和受压侧钢管的初始屈服，钢管在拉伸区点 D 和点 E 的应变分别达到 0.01 和 0.02。将最大应变 0.01 作为 CFST 的极限弯矩(M_u)。

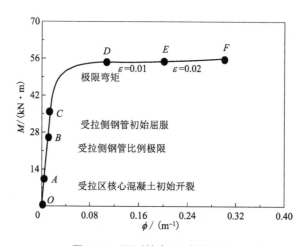

图 3.19　预测的弯矩–曲率曲线

弹性阶段(OB)：试件的弯矩–曲率曲线接近线性。弯矩迅速增加，而曲率的增加较小。从理论上讲，CFST 在核心混凝土开裂之前完全呈弹性行为。在达到点 A 后，核心混凝土在受拉区域开始出现开裂。这一现象确实导致了挠曲刚度轻微下降。通常情况下，弹性阶段被定义为在达到受拉侧钢管的比例极限之前(点 B)，由于核心混凝土开裂较轻，对抗弯刚度的影响有限，试件仍呈现良好的弹性行为。在核心混凝土开裂后，受拉区域核心混凝土的拉应力减小。此时，受拉区域中的开裂核心混凝土退出工作，而拉应力主要由钢管承受，然后钢管的拉应力持续显著增加，直至受拉侧钢管的比例极限(点 B)。因此，CFST 的挠曲刚度不会受到核心混凝土初始开裂和拉伸区域钢管屈服的影响，CFST 的行为近似保持弹性。

弹塑性阶段(BD)：CFST 的抗弯刚度开始偏离其初始值，其响应变得非线性。在达到受拉侧钢管的比例极限(点 B)后，CFST 的弯曲变形比弹性阶段更快增加。然后，在受压侧的钢管屈服时(点 C)，曲率增加更为明显。此时，CFST 在这个阶段的弯曲刚度明显小于弹性阶段。值得注意的是，受拉区域钢管的屈服会导致 CFST 弯曲刚度的加速降低，而受压区域的核心混凝土和钢管可以提供强有力的支撑，抵抗弯曲试件的变形，直到受压区域的钢管屈服。实际上，受拉区域和受压区域钢管的屈服有助于弯曲试件的更大变形。与此同时，受压区域钢管在屈服后对核心混凝土的约束作用明显增强(点 C)。在受压区域钢管屈服后(点 C)，CFST 的弯矩缓慢增加，直至点 E。这主要是因为钢管的屈服从底部和顶部朝向中性轴移动。

塑性阶段(DF)：CFST 在塑性阶段的弯矩逐渐增加，最终趋于稳定，而曲率迅速增加。CFST 的弯矩–曲率曲线中没有明显的下降阶段，表明了弯曲试件的良好延性。弯矩的增加主要是因为钢材的应变硬化效应和 CFST 中的应力重分布。

3.4.4　破坏模式分析

在 ABAQUS 中采用典型的矢量符号直观地展示 CFST 中混凝土的裂缝。值得注意的是，受拉区域混凝土的裂缝取决于最大塑性应变，并且混凝土的裂缝垂直于塑性应变。最大塑性应变矢量符号的箭头和密度分别表示塑性应变的方向和混凝土裂缝的程度。塑性应变越大，混凝土的裂缝越宽。

图 3.20 展示了在不同阶段核心混凝土塑性应变的发展过程。在点 A，当最

大塑性应变达到约 0.0002 时，受拉区域纯弯曲段中出现了一些初始的混凝土裂缝，靠近加载点处有两处明显裂缝。在整个加载过程中，可以发现受拉区域靠近加载点的混凝土裂缝比纯弯曲段中的裂缝发展得更快。此外，随着加载的增加，混凝土的裂缝急剧发展，纯弯曲段出现越来越多的裂缝并扩散。最终，一些裂缝逐渐向新的中性轴扩散，并在混凝土中形成新的中性轴。另外，在剪跨段中没有观察到明显的剪切裂缝。

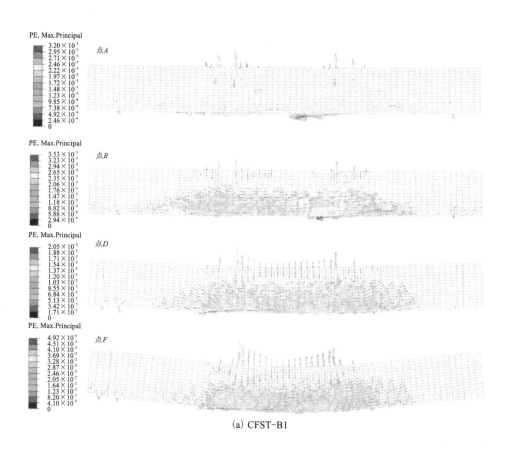

(a) CFST-B1

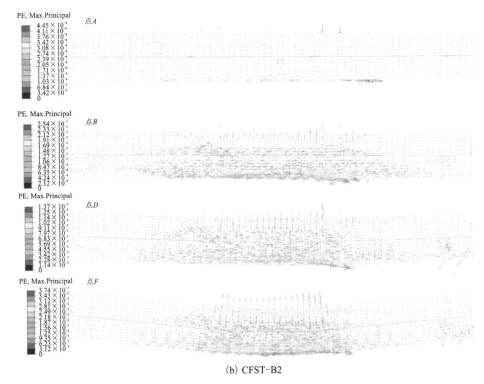

(b) CFST-B2

图 3.20　核心混凝土塑性应变的发展过程

图 3.21 展示了在不同阶段核心混凝土中性轴的发展过程。由图可知，对于试件 CFST-B1 和 CFST-B3，在加载的早期阶段，即在点 A，中性轴和形心轴几乎相同。然而，对于试件 CFST-B2 和 CFST-B4，由于钢管中隔板的影响，核心混凝土被分成几个部分，因此在加载初期出现了两个中性轴。然后，随着载荷的进一步增加，中性轴从核心混凝土的形心轴向上移动，直至点 B。最后，在达到极限弯矩(点 D)后，核心混凝土的中性轴几乎在失效(点 F)之前保持不变。

3.4.5　核心混凝土和钢管应力重分布

随着外部载荷的持续增加，CFST 的弯曲变形将继续增加。一般而言，核心混凝土和钢管中的应力分布符合这种趋势。然而，在达到极限后，例如核心混凝土的开裂或破碎、钢材的屈服等，随着弯曲变形的进一步增加，应力不再增加，甚至有所减少。此时，核心混凝土和钢管中就会出现应力重分布。

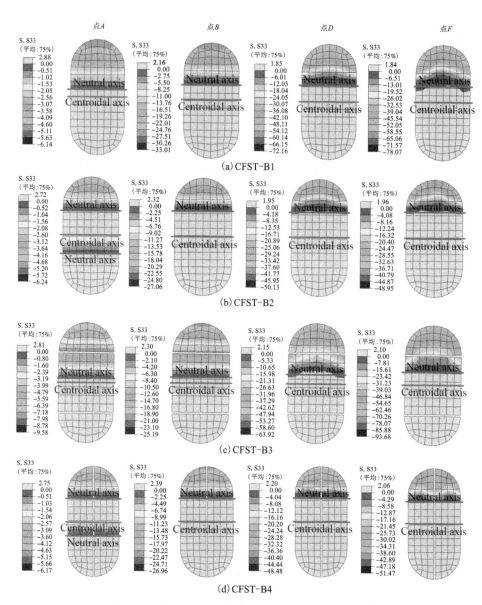

图 3.21　核心混凝土中性轴在不同阶段的发展过程

1. 核心混凝土

图 3.22 展示了在不同阶段试件长度方向上核心混凝土中纵向应力的发展过程。由图可知，整个核心混凝土的上部处于纵向受压状态。值得注意的是，在纯弯曲段，核心混凝土的纵向受压明显大于剪跨段中的压应力，并观察到靠近加载点处的两个应力集中区域。此外，整个核心混凝土的中部和底部都受到纵向拉应力的影响，而靠近支点处的核心混凝土受到纵向压应力的影响，应力较小且不超过 4 MPa。

图 3.23 比较了试件跨中截面核心混凝土不同点处的纵向应力-曲率曲线。由图可知，核心混凝土受拉区域的纵向应力逐渐减小，甚至在达到峰值拉应力后，核心混凝土失去了承载功能。与此同时，部分核心混凝土最初处于纵向压应力状态，然后随着加载增加逐渐转变为拉应力状态。在这一刻，中性轴从形心轴向上移动。对于图 3.23(a) 中试件 CFST-B1 的核心混凝土来说，点 5 和点 6 处的纵向压应力转变为纵向拉应力，直至核心混凝土开裂，这与图 3.4 的试验结果一致。此外，点 1 处核心混凝土的纵向压应力大于混凝土的轴心抗压强度，高达 55 MPa。这是因为钢管提供的约束作用有助于提高混凝土的抗压强度。图 3.24 展示了核心混凝土的受约束区域，其中深色区域表示核心混凝土的受约束区域，强度高于混凝土立方体的抗压强度。

图 3.25 展示了在不同阶段，如试件 CFST-B1 和 CFST-B2 中，核心混凝土沿着纵向方向应力(S33)的发展过程。在加载的初期阶段观察到纵向应力分布图的明显差异。与 CFST-B1 试件相比，CFST-B2 试件的核心混凝土在早期加载阶段出现了两个中性轴。这一现象是因为中横隔板的添加，核心混凝土被分成两部分。随着加载进行，最大纵向压应力增加，与此同时核心混凝土的受拉区逐渐向支点方向发展，中性轴逐渐从形心轴向上移动。此外，最大压应力出现在加载点，分别为 79.2 MPa 和 50.1 MPa，是由局部应力集中引起，而不是整体结构响应。最后，最大纵向压应力沿环向和纵向扩展为一个区域。中性轴以下的核心混凝土出现了严重的裂缝。值得注意的是，在试件 CFST-B2 点 *F* 处发现了横隔板与核心混凝土之间的轻微滑移。

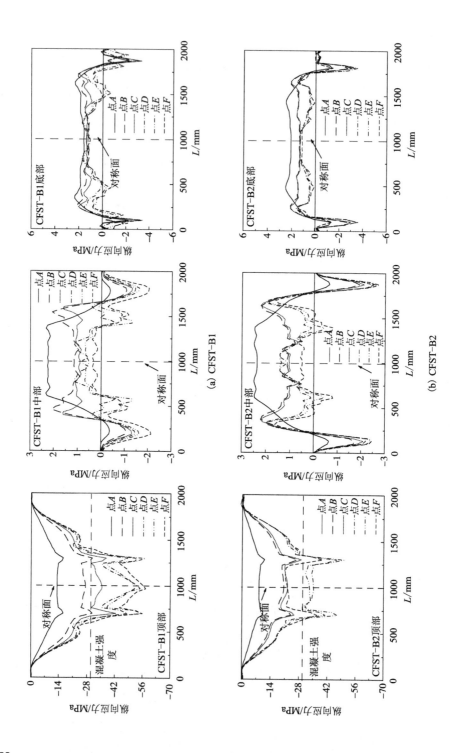

(a) CFST-B1

(b) CFST-B2

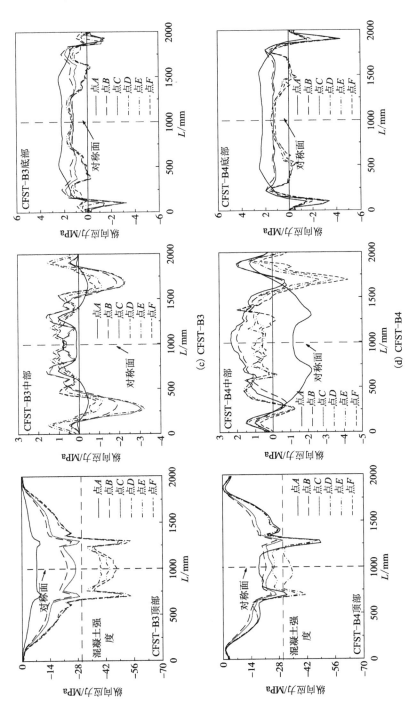

图3.22　核心混凝土纵向应力沿着过程着不同阶段试件的长度

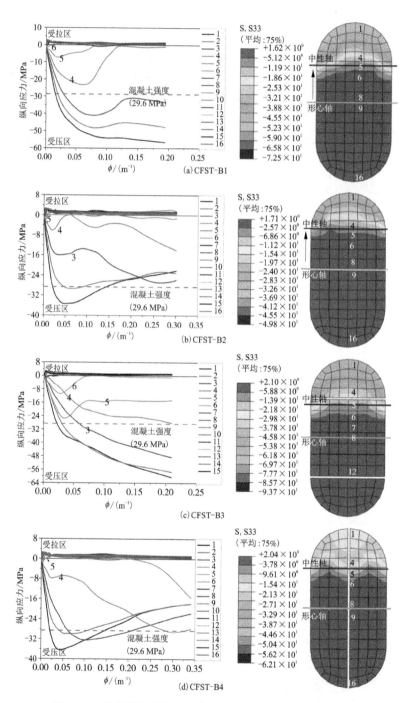

图 3. 23 核心混凝土在不同点的纵向应力-曲率曲线的比较

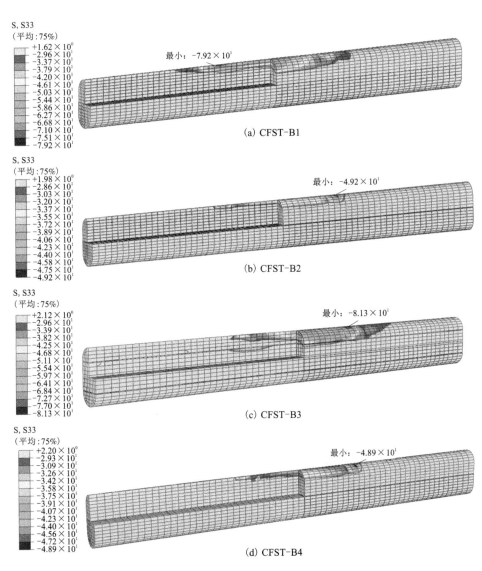

图 3.24　核心混凝土约束区

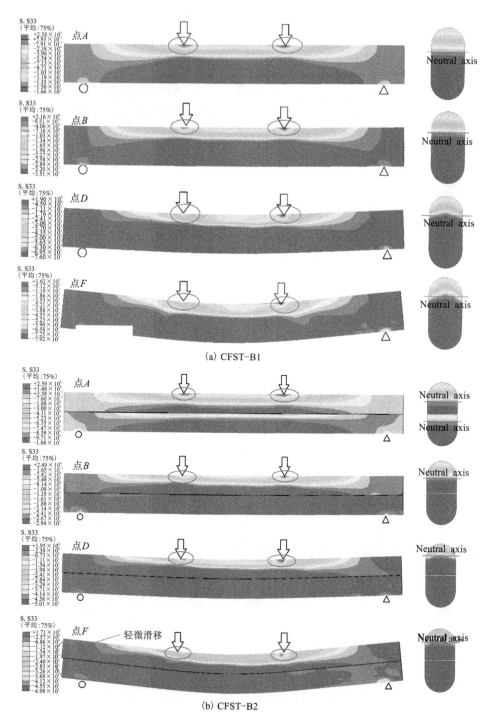

(a) CFST-B1

(b) CFST-B2

图 3.25 核心混凝土纵向应力的发展过程

2. 钢管

图 3.26 展示了不同阶段、不同区域的试件长度方向上钢管中纵向应力的整个发展过程。从图 3.26 可知，整个钢管的上部都处于纵向受压状态，纯弯曲段中的纵向压应力明显大于剪跨段中的压应力。同时，整个钢管的中部和底部都受到纵向拉应力的影响，而纯弯曲段中的纵向拉应力也明显大于剪跨段中的拉应力。此外，纯弯曲段中的钢管达到了屈服，其他段的钢管未屈服。

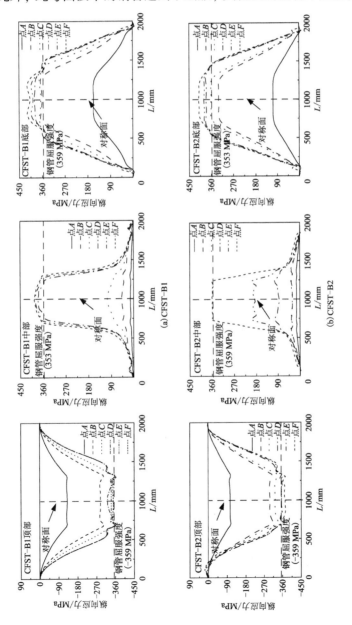

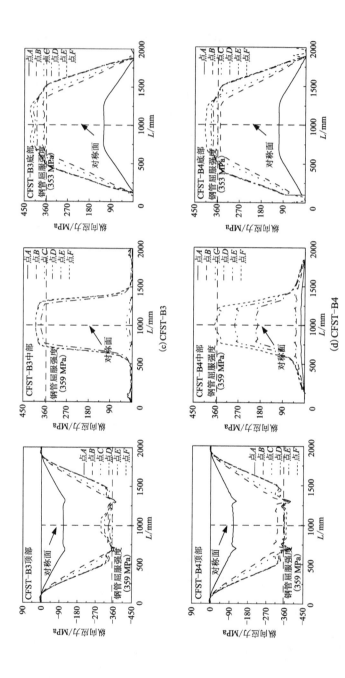

图3.26 不同阶段、不同区域钢管纵向应力沿试件长度的发展过程

图 3.27 给出了钢管在跨中截面不同点处应力与曲率曲线的比较。从图 3.27 可知，钢管距离形心轴越远的位置，纵向和 Mises 应力的增长越快，钢材屈服发生得越早。相反，靠近中性轴的钢管(CFST-B1 试件的点 8)在整个加载过程中都没有屈服。这是因为靠近中性轴的钢管弯曲变形最小。此外，值得注意的是，在受拉区域的钢管屈服后，纵向拉应力仍然适度增加，这是由于钢材的应变硬化效应。另外，应指出的是，点 8 和点 9 处的钢管的纵向压应力首先降至零，然后转变为纵向拉应力，逐渐增大，直至钢材屈服。这表明钢管的中性轴位置正在变化，从形心轴向上移动，如纵向应力云图所示。在加载初期，钢管的横向应力非常小，然后缓慢增大，并最终趋于稳定，如图 3.27(a)所示。横向应力的变化表明，在弹性阶段，钢管和核心混凝土独立工作，两者之间没有共同作用。对于弯曲作用下的 CFST，从图 3.27(b)~图 3.27(d)中也可得到类似结论。

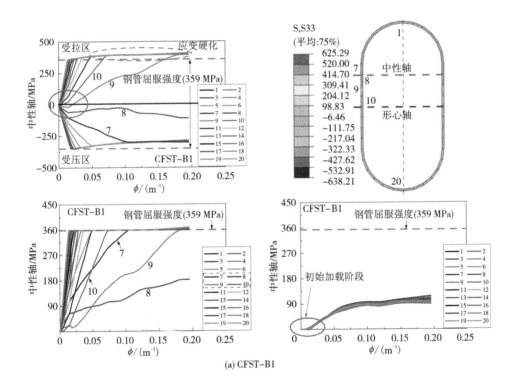

(a) CFST-B1

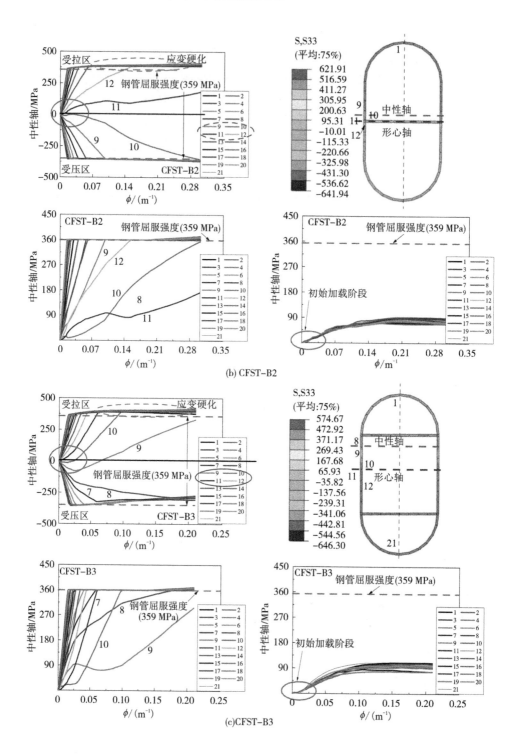

(b) CFST-B2

(c)CFST-B3

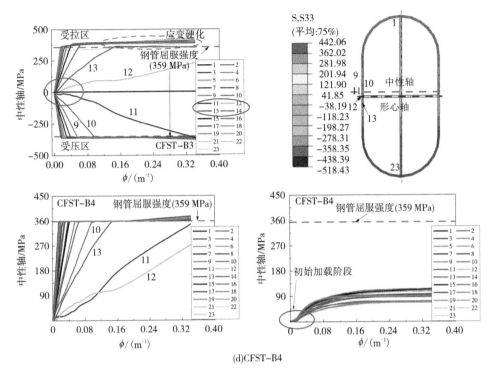

图 3.27　钢管在不同点处应力-曲率曲线的比较

图 3.28 展示了不同阶段钢管在跨中截面环向上的 Mises 应力和纵向应力的发展过程。显然，随着荷载的增加，钢管逐渐从截面两端到中性轴处达到钢材屈服，而靠近中性轴的钢管从未屈服。上述分析说明了钢管的中性轴是变化的，且逐渐向上移动。

图 3.29 比较了在达到极限弯矩后所有试件中混凝土和钢管之间的中性轴。通过比较 4 个测试试件（CFST-B1 ~ CFST-B4 试件），可以发现整个加载过程中钢管和混凝土之间中性轴的变化趋势不一致，并且观察到钢管和混凝土之间中性轴的明显差异，由此可知钢管和混凝土之间存在界面滑移现象。

通过分析图 3.23、图 3.27 和图 3.29，可以观察到以下几点。①CFST-B1 ~ CFST-B4 试件的混凝土的中性轴位置几乎相同，而 CFST-B1 和 CFST-B3、CFST-B2 和 CFST-B4 试件的钢管的中性轴位置相同。弱轴向隔板不能防止核心混凝土的开裂，因此混凝土的中性轴向上移动。②钢材的抗拉强度远大于混凝土，试件 CFST-B2 和 CFST-B4 形心轴处的水平隔板难以屈服，不易发挥钢

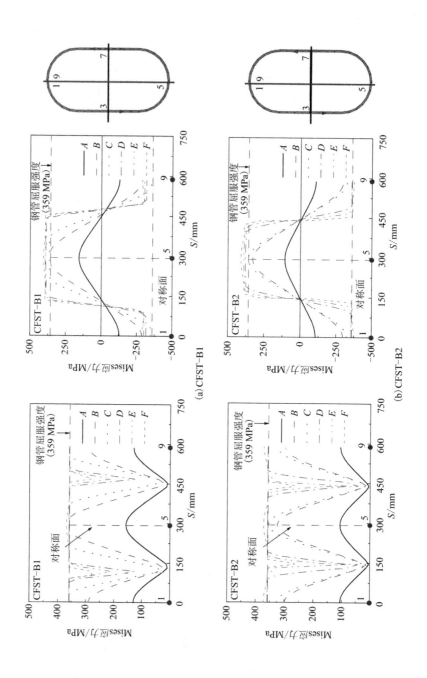

(a) CFST-B1

(b) CFST-B2

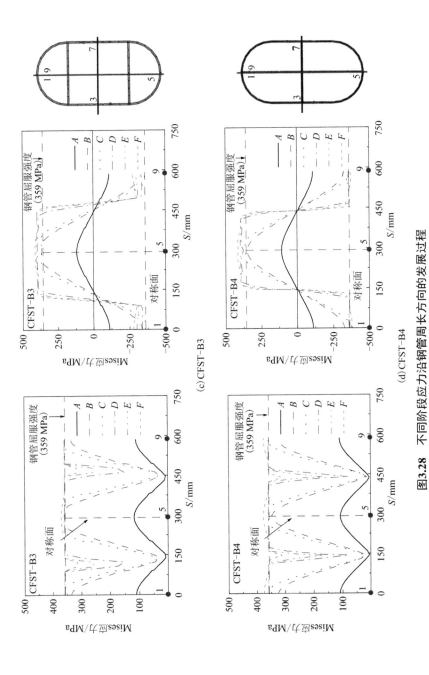

(c) CFST-B3

(d) CFST-B4

图3.28　不同阶段应力沿钢管周长方向的发展过程

材性能,钢管的中性轴较难移动,钢管在受拉区域对极限弯矩的贡献减小。因此,在钢管的形心轴处焊接水平隔板后,CFST-B2 试件的极限弯矩略小于 CFST-B1 试件。③与 CFST-B1 和 CFST-B3 试件相比,试件 CFST-B2 和 CFST-B4 中钢管的受拉区域变得较小。总之,中性轴的变化主要受隔板的影响,钢管和混凝土之间的组合作用将变得更加复杂。

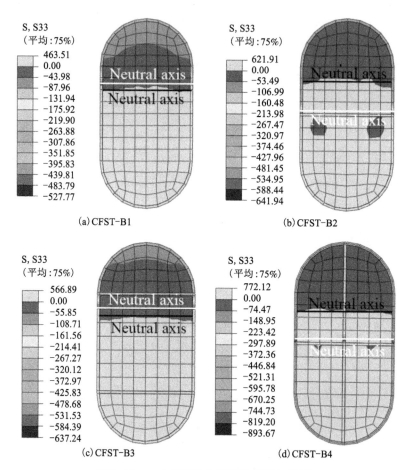

图 3.29　核心混凝土与钢管中性轴的比较

综上所述,钢管、混凝土和隔板之间的组合作用显著影响了混凝土和钢管中的应力重分布。钢管对核心混凝土的约束效应导致混凝土处于三轴压应力状态,然而这种约束效应是被动的,且依赖于钢管的应力状态。总之,钢管和混凝土之间组合作用的变化导致 CFST 截面出现应力重分布。

3.4.6　参数分析

笔者采用有限元法建立多腔圆端形钢管混凝土纯弯模型,并展开参数分析,分析参数主要包括:混凝土强度等级为 C30~C50;钢材屈服强度为 Q235~Q420;钢管壁厚为 2~6 mm;截面长宽比 B/D 分别为 2、3、4 和 5。所取 B 分别为 400 mm、600 mm、800 mm 和 1000 mm,以上各组参数中钢材屈服强度和混凝土强度匹配原则分别为:Q235 与 C30 匹配,Q345 与 C40 匹配,Q420 与 C50 匹配,共 70 组模型。模型参数匹配表见表 3.2。

表 3.2　模型参数匹配表

序号	截面宽 D/mm	截面长 B/mm	截面长宽比	腔室布置数量	材料匹配	数量/组
1	200	400	2	1~3	Q235/C30, Q345/C40, Q420/C50	9
2	200	600	3	1~4	Q235/C30, Q345/C40, Q420/C50	28
3	200	800	4	1~5	Q235/C30, Q345/C40, Q420/C50	15
4	200	1000	5	1~6	Q235/C30, Q345/C40, Q420/C50	18
5	合计					70

1.腔室布置

以钢材屈服强度为 Q235,混凝土强度等级为 C30,长宽比 B/D 分别为 2、3、4 和 5 为例,对应腔室数量为 3、4、5 和 6,分析 4 种截面含钢率分别为 0.02、0.05 和 0.08 时对圆端形钢管混凝土受弯构件截面 M-ϕ 曲线的影响。

4 种不同截面长宽比下含钢率对圆端形钢管混凝土受弯构件 M-ϕ 曲线的影响如图 3.30 所示,由图可知,在钢材屈服强度、混凝土强度和截面长宽比不变的情况下,随着腔室布置的提高,其弹性阶段的刚度和弯矩随之提高,曲率随着含钢率的提高有减小趋势。

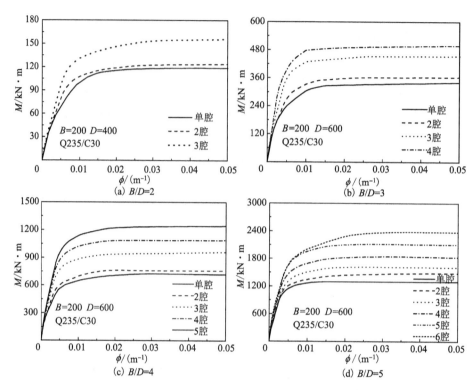

图 3.30　腔室布置对 $M-\phi$ 曲线的影响

2. 截面长宽比

在混凝土强度等级、钢材屈服强度、腔室布置等参数不变的情况下，分析截面长宽比对多腔圆端形钢管混凝土受弯构件截面 $M-\phi$ 曲线的影响如图 3.31 所示，由图可知，随着截面长宽比的增大，多腔圆端形钢管混凝土受弯构件截面在弹性阶段的抗弯刚度和截面弯矩也不断地提高，曲率随着长宽比的增大呈减小趋势，可见截面长宽比对其 $M-\phi$ 曲线的影响较大。

3. 混凝土强度

以混凝土强度等级为 C30～C50，钢材屈服强度分别为 Q235，截面长宽比 B/D 为 3 为例，对应腔室数量 1、2、3 和 4。3 种混凝土强度对圆端形钢管混凝土受弯构件 $M-\phi$ 曲线的影响如图 3.32 所示，由图可知，在钢材屈服强度、腔

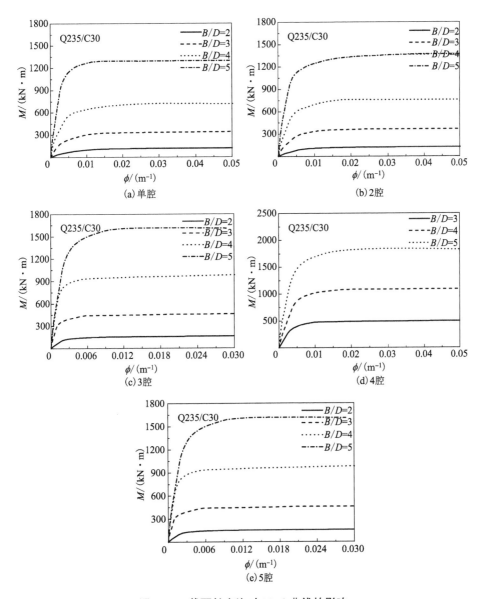

图 3.31　截面长宽比对 M-ϕ 曲线的影响

室布置和截面长宽比不变的情况下，随着混凝土强度的提高，其弹性阶段的刚度略微增大，极限承载力有所增加。

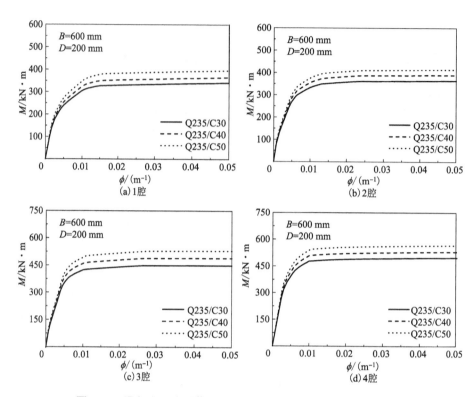

图 3.32 混凝土强度对截面长宽比为 3 的试件 M-ϕ 曲线的影响

4. 钢材强度

以混凝土强度等级为 C30，钢材屈服强度分别为 Q235、Q345、Q420，截面长宽比 B/D 为 3 为例，对应腔室数量为 1、2、3 和 4。3 种钢材强度对圆端形钢管混凝土受弯构件 M-ϕ 曲线的影响如图 3.33 所示，由图可知，在混凝土强度、腔室布置和截面长宽比不变的情况下，随着钢材强度的提高，其弹性阶段的刚度保持不变，极限承载力显著增加。

综上所述，腔室布置、截面长宽比、混凝土强度和钢材屈服强度等参数对多腔圆端形钢管混凝土强轴受弯截面的 M-ϕ 曲线有不同程度的影响。其中，混凝土强度对 M-ϕ 曲线影响相对较小，截面含钢率、截面长宽比和钢材屈服强度对 M-ϕ 曲线影响较大。此外，即使在曲率(ϕ)很大时，其弯矩仍有继续增大的趋势，M-ϕ 曲线无明显的下降段出现，表明圆端形钢管混凝土受弯构件具有很好的塑性。

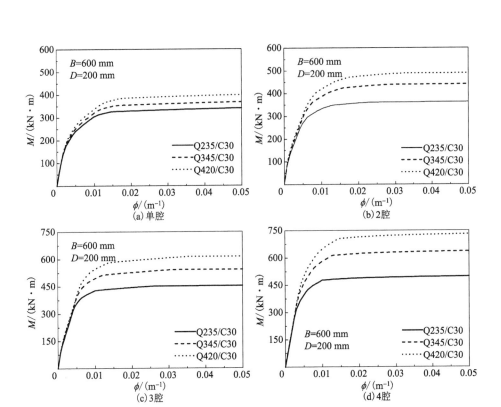

图 3.33　钢材强度对截面长宽比为 3 的试件 M-ϕ 曲线的影响

3.5　圆端形钢管混凝土柱抗弯承载力计算方法

3.5.1　公式建立

　　本节中笔者将建立强轴方向受弯作用下圆端形钢管混凝土截面极限弯矩 (M_u) 和极限曲率 (ϕ_u) 的计算公式以及 M-ϕ 曲线关系实用计算方法。不同试件极限承载力见表 3.1。大量学者对钢管混凝土柱纯弯试验研究和数值分析结果表明，钢管混凝土纯弯构件的 M-ϕ 曲线基本上没有下降段或下降段并不明显，因此存在极限弯矩和极限曲率的定义，对圆端形钢管混凝土足尺模型在强轴方向的极限弯矩和曲率的定义，目前相关研究较少，借鉴文献对极限弯矩和曲率的定义方法，对圆端形钢管混凝土受弯构件取全截面约 2/3 范围内的钢管屈服时对应的曲率和弯矩分别为极限曲率和极限弯矩：

$$\phi_{\mathrm{u}} = 13 f_{\mathrm{s}}/(E_{\mathrm{s}}B) \tag{3-1}$$

而对应的极限弯矩为：

$$M_{\mathrm{u}} = \gamma^{\mathrm{m}} W_{\mathrm{sc}}^{M} f_{\mathrm{sc,\,u}} \tag{3-2}$$

式中：$f_{\mathrm{sc,\,u}}$ 为构件轴压加载时截面平均应力，轴压承载力见式（2-14）；W_{sc}^{M} 见式（3-7）。截面惯性矩 I_{x} 示意图如图 3.34 所示。

$$I_{\mathrm{x}} = \frac{D(B-D)^{3}}{12} + 2\left[\frac{\pi(D)^{4}}{128} - \left(\frac{2D}{3\pi}\right)^{2}\frac{\pi(D)^{2}}{8} + \left(\frac{B-D}{2} + \frac{2D}{3\pi}\right)^{2}\frac{\pi(D)^{2}}{8}\right] \tag{3-3}$$

$$W_{\mathrm{sc}}^{M} = \frac{I_{\mathrm{x}}}{y_{\max}} = \frac{I_{\mathrm{x}}}{(B-D)/2 + D/2} \tag{3-4}$$

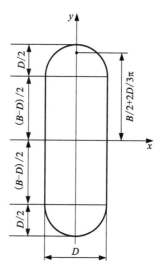

图 3.34 圆端形钢管混凝土强轴惯性矩示意图

通过大量足尺试件的数值分析，截面抗弯系数 γ^{m} 随截面套箍作用系数 Φ 和长宽比的变化规律如图 3.35 所示，通过拟合得到：

$$\gamma^{\mathrm{m}} = 1.05 + 0.1 \times B/D \times \Phi \tag{3-5}$$

3.5.2 公式验证

笔者选取完成的 8 组多腔圆端形钢管混凝土纯弯试验数据及 70 组有限元分析结果，为比较公式的精确性，笔者选取 $B/D = 1$ 的圆端形钢管混凝土且尺

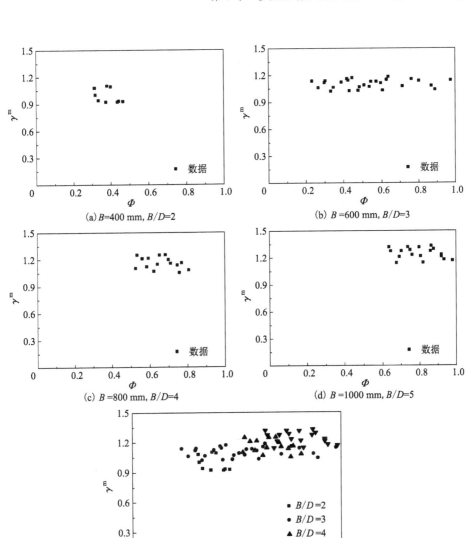

图 3.35　γ^m-Φ 关系

寸较大构件的相关试验数据与式(3-2)和各国相关规范或规程设计公式进行比较，比较结果见表3-3。

（1）AISC 规程和 AIJ 规程在对受弯承载力进行计算时忽略了混凝土对抗弯承载力的贡献，造成计算值明显偏小。

（2）式（3-2）和《钢管混凝土结构技术规范》（GB 50936—2014）计算出的钢管混凝土构件抗弯承载力与试验值较为接近，其均值分别为 0.96 和 0.95，离散系数分别为 0.030 和 0.112，可见式（3-2）与试验值更为接近，且该公式对截面长宽比 $B/D=1\sim4$ 均适合，适用范围更广泛。

（3）式（3-2）和《钢管混凝土结构技术规范》（GB 50936—2014）规范计算出的圆端形钢管混凝土构件抗弯承载力与有限元计算结果较为接近，其均值分别为 1.03 和 0.94，离散系数分别为 0.041 和 0.121，可见式（3-5）与试验值更为接近，且该公式对截面长宽比 $B/D=1\sim4$ 均适合，适用范围更广泛。

表 3.3　试验抗弯承载力与各国规程、式（3-2）计算比较

数据出处	试验	$M_t/M_{式(3-2)}$	M_t/M_{AISC}	M_t/M_{AIJ}	M_t/M_{EC}	M_t/M_{GB}
均值	8 组	0.96	1.86	1.66	1.21	0.95
离散系数		0.030	0.188	0.165	0.039	0.112

表 3.4　有限元抗弯承载力与各国规程、式（3-2）计算比较

数据出处	有限元计算	$M_f/M_{式(3-2)}$	M_f/M_{AISC}	M_f/M_{AIJ}	M_f/M_{EC}	M_f/M_{GB}
均值	70 组	1.03	1.75	1.60	1.15	0.94
离散系数		0.041	0.136	0.122	0.039	0.121

3.6　圆端形钢管混凝土纯弯柱截面抗弯刚度

国内外规范或规程均有钢管混凝土抗弯刚度和抗弯承载力的计算方法，这些规范都不同程度地考虑了混凝土开裂对抗弯刚度的影响，相关规范的抗弯刚度表达式如下：

$$(EI)_{sc}=E_sI_s+K_zE_cI_c \tag{3-6}$$

式中：$(EI)_{sc}$ 为钢管混凝土的组合抗弯刚度；E_s 和 E_c 分别为钢材和混凝土的弹性模量；I_s 和 I_c 分别为钢管和混凝土截面惯性矩；K_z 为考虑混凝土开裂后的混凝土抗弯刚度折减系数。

表 3.5 给出了各国规范或规程中 K_z 的取值大小及适用对象,可见现有规范仅限于圆形、方形和矩形等截面形式的钢管混凝土组合抗弯刚度计算公式,没有针对圆端形钢管混凝土截面抗弯刚度的计算公式。为此,笔者将展开对圆端形钢管混凝土截面抗弯刚度的研究。

笔者借鉴文献对圆端形钢管混凝土实用组合抗弯刚度的定义,当钢管混凝土的钢管受拉区最大拉应变达到 $0.8f_s/E_s$ 时,即钢材达到比例极限时,对应的纯弯构件截面的割线刚度为钢管混凝土柱使用阶段组合抗弯刚度,称为钢管混凝土实用组合抗弯刚度,此时对应的弯矩约为极限弯矩的 0.4 倍。

表 3.5　国内外规范或规程刚度折减系数 K_z 取值比较

序号	规范或规程	K_z 取值	适用对象
1	AISC(1999)	0.8	圆、方和矩形
2	ACI(1999)	0.2	
3	EC4(2004)	0.6	
4	AIJ(1997)	0.2	
5	BS5400(2005)	0.45	
6	CECS28(2012)	0.6	圆形
7	DBJ13-51(2003)	0.6(0.8)	方、矩形(圆形)

通过数据拟合得到钢管混凝土抗弯刚度折减系数:

$$K_z = 0.4 \tag{3-7}$$

系数 0.4 考虑了构件混凝土强度等级、钢材屈服强度等级、截面含钢率和截面长宽比等参数的影响。有限元计算值和公式计算得到的刚度折减系数值 K_z 如图 3.36 所示,其均值为 0.956,方差为 0.059,满足工程计算的需要。

将多腔圆端形钢管混凝土柱弹性阶段截面抗弯刚度的试验值与式(3-6)计算值进行比较,比较结果见表 3.6,可知:按 $K_z=0.4$ 进行折减的截面抗弯刚度计算值与试验值比较,均值为 0.997,离散系数为 0.104,可见多腔圆端形钢管混凝土压弯柱抗弯刚度计算公式中的折减系数 K_z 可取值为 0.4。

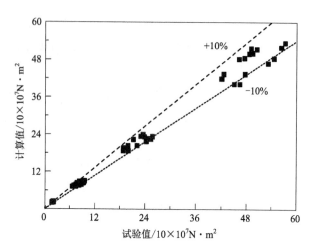

图 3.36　刚度折减系数 K_z 试验值与公式计算值结果比较

表 3.6　压弯构件截面弹性刚度 EI 比较

序号	试件编号	试验值 $EI/10^3\ \mathrm{kN\cdot m^2}$	计算值($K_z=0.4$) $EI/10^3\ \mathrm{kN\cdot m^2}$	试验值/计算值 ($K_z=0.4$)
1	CFST-B1	3.36	3.31	0.985
2	CFST-B2	3.26	3.31	1.016
3	CFST-B3	4.54	3.74	0.823
4	CFST-B4	4.30	3.88	0.903
5	CFST-B5	10.30	10.02	0.973
6	CFST-B6	8.78	10.02	1.142
7	CFST-B7	10.50	11.73	1.117
8	CFST-B8	11.70	11.95	1.021
9	均值	—	—	0.997
10	离散系数	—	—	0.104

3.7　本章小结

进行了 8 根多腔圆端形钢管混凝土试件纯弯试验研究，建立了纯弯荷载下的多腔圆端形钢管混凝土柱有限元模型，考察了腔室布置、截面长宽比等参数对试件纯弯性能的影响，分析抗弯性能力学指标，结论如下：

(1)多腔圆端形钢管混凝土纯弯试件试件表现为延性破坏，整体破坏形态为弓形，其形态近似正弦波，受压区钢管局部屈曲，屈曲部位的混凝土被压碎，而受拉区混凝土开裂，裂缝在受拉区均匀分布，最大裂缝出现在试件最大挠度处。试验过程一共经历了弹性阶段、弹塑性阶段和塑性阶段三个阶段，纯弯段受压区混凝土受到钢管的约束，而受拉区钢管对核心混凝土的约束较小。

(2)单腔与 2 腔构件极限承载力相当，3 腔及 4 腔试件极限承载力明显较高。多腔圆端形钢管混凝土纯弯柱普遍表现为延性较好。腔室布置越多，试件环向应变越大，截面长宽比越大，试件横向约束系数越小。

(3)采用 ABAQUS 有限元软件建立纯弯试件有限元模型，并对试验进行验证，全面分析了纯弯试件的整个受力过程，探讨了核心混凝土和钢管之间的应力分布与中心轴的变化规律，钢管、混凝土和隔板之间的组合作用显著影响了混凝土和钢管中的应力重分布。开展了有限元模型参数分析，结果表明：提高混凝土强度可以小幅提高极限弯矩和抗弯刚度，增加钢材屈服强度可以明显提高极限弯矩，但对抗弯刚度的影响非常小。

(4)基于参数分析，建立了多腔圆端形钢管混凝土纯弯试件抗弯刚度和承载力计算公式，计算结果与试验值吻合较好。

第4章

多腔圆端形钢管混凝土柱拟静力性能研究

4.1 概述

目前，国内外学者对多腔圆端形钢管混凝土柱的滞回性能缺乏研究，为此，本章将进行低周往复荷载作用下多腔圆端形钢管混凝土柱试验研究，主要工作如下：

(1) 完成12根圆端形钢管混凝土柱试件强轴方向的往复加载下的压弯试验研究，主要探讨腔室布置、截面长宽比、轴压比等不同参数对其滞回性能的影响，研究延性、承载力、耗能能力等抗震性能指标。

(2) 采用 ABAQUS 有限元软件建立了水平低周往复荷载下的多腔圆端形钢管混凝土试件滞回性能的三维实体有限元模型，分析各抗震性能指标的影响，揭示钢管混凝土柱损伤及应力发展规律，分析腔室布置对构件塑性耗能的影响，建议最佳腔室布置形式。

4.2 试验概况

4.2.1 试件设计

根据湖南城市学院土木工程国家级实验教学示范中心现有的试验条件和

《建筑抗震试验规程》(JGJ 101—2015)的规定，本次试验共设计了 12 根多腔圆端形钢管混凝土柱。混凝土强度等级为 C40，截面长宽比 B/D 分别为 2 和 3，轴压比分别为 0.1 和 0.3。试件编号及尺寸见表 4.1，强弱轴表示试件加载的方向。其中，B 为截面宽度，D 为截面厚度，t 为钢管壁厚，H 为试件长度，n 为试件的轴压比，f_{cu} 为混凝土立方体抗压强度，f_s 为钢管屈服强度，ρ_s 为截面含钢率。

表 4.1　试件信息

序号	试件编号	试件尺寸 $B \times D \times t \times H/$ (mm×mm×mm×mm)	腔室布置	n	强弱轴	f_s /MPa	f_{cu} /MPa	$\rho_s/\%$
1	CFST-C1	228×114×3×1150	单腔	0.1	强	359	45.2	7.58
2	CFST-C2	228×114×3×1150	2 腔	0.1	强	359	45.2	9.05
3	CFST-C3	228×114×3×1150	3 腔	0.1	强	359	45.2	10.53
4	CFST-C4	228×114×3×1150	4 腔	0.1	强	359	45.2	12.00
5	CFST-C5	228×114×3×1150	单腔	0.3	强	359	45.2	7.58
6	CFST-C6	228×114×3×1150	2 腔	0.3	强	359	45.2	9.05
7	CFST-C7	228×114×3×1150	3 腔	0.3	强	359	45.2	10.53
8	CFST-C8	228×114×3×1150	4 腔	0.3	强	359	45.2	12.00
9	CFST-C9	342×114×3×1650	单腔	0.1	强	359	45.2	6.75
10	CFST-C10	342×114×3×1650	2 腔	0.1	强	359	45.2	7.69
11	CFST-C11	342×114×3×1650	3 腔	0.1	弱	359	45.2	8.64
12	CFST-C12	342×114×3×1650	4 腔	0.1	强	359	45.2	10.53

轴压比 n 按照式(4-1)计算：

$$n = N/N_0 \tag{4-1}$$

式中：N 为试件所施加的恒定轴力；$N_0 = A_c f_c + A_s f_s$，为试件轴心受压承载力。

各试件加工方法与前几章相同，同时为了试验吊装方便，在试件上部 1/3~1/2 位置处焊接吊耳。为试验安装方便和节省试验成本，采用底座固定不动、每次吊装试件的方法，即把底座浇筑好后固定，通过在底座预埋地脚螺栓与试件连接固定。所有试件均在底部焊接 20 mm 厚钢板，并在钢板上钻孔，底部钢板的几何中心与空心钢管的中心对齐,同时在试件底部 200 mm 范围内焊接加劲肋以保证在柱高有效高度范围内发生变形破坏。试件横截面图如图 4.1 所示,试件加工和实物图如图 4.2 所示。

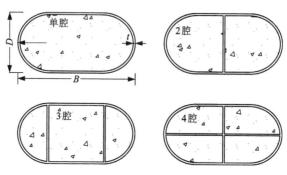

图 4.1   试件横截面图

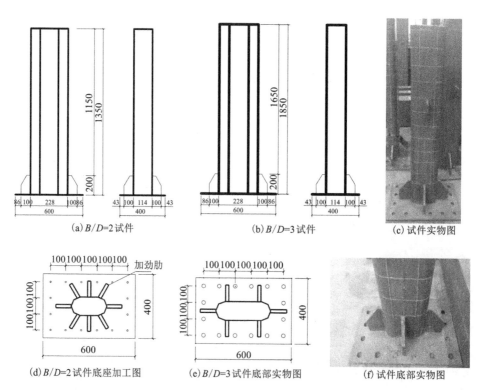

图 4.2   试件加工和实物图(单位:mm)

为保证底座的稳定性和牢固性，设计底座时在两端各预留两个地锚孔以保证试验时底座不会产生滑动。预留孔位置、底座尺寸如图 4.3(a)所示。为方便试件与底座的连接，在底座里面预埋地脚螺栓，地脚螺栓采用 8.8 级 24×600-9 字形，地脚螺栓底部 9 字形弯钩穿过支座底部纵筋，为保证地脚螺栓与试件底部的钢板预留口能够较好地对接插入，在底部支座上部与上部纵筋焊接一块 20 mm 厚钢板，该钢板上预留孔位置与试件底部焊接钢板孔位置及钢板尺寸一致，同时在该固定板的顶部用螺栓固定以保证地脚螺栓沿高度方向竖直，在固定好地脚螺栓和上部钢板后，浇筑混凝土，底座实物图如图 4.3(b)所示。

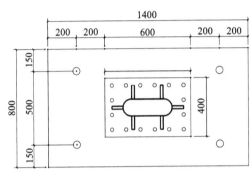 

(a)底座尺寸图　　　　　　　　　　　(b)底座实物图

图 4.3　底座装置图(单位：mm)

由于试件截面形状为圆端形，施加荷载时均作用在试件的半圆形部分，而实验室作动头为平整的矩形截面，在施加水平荷载过程中会造成力传递的不稳定，因此，需要在试件顶部制作一个夹头，以保证在水平荷载施加过程的强度和稳定性。夹头与作动头的连接采用螺纹杆和螺帽拧紧连接，螺孔的位置与实验室作动头加载板上的孔位置一致，试件顶部夹头装置如图 4.4 所示。

图 4.4　夹头装置

4.2.2　材料性能

在进行测试之前，根据《金属材料　拉伸试验　第 1 部分：室温试验方法》（GB/T 228.1—2021）和《混凝土物理力学性能试验方法标准》（GB/T 50081—2019）进行了材料测试，获取混凝土和钢材的力学性能。表 4.1 显示了试件的详细材料性能。

4.2.3　加载方法与测点布置

试验在拟静力结构试验系统上进行，加载装置由竖向和水平加载装置组成。竖向荷载通过 100 t 油压千斤顶施加，通过油泵手动控制，以保证试验过程中竖向轴压力的稳定；水平反复荷载由液压作动器施加。图 4.5 为试验装置加载图。

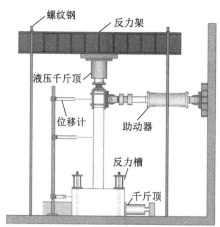

图 4.5　试验装置加载图

笔者设计通过液压千斤顶预张拉精轧螺纹钢进而对构件产生恒定轴向力的试验方法，具体方法为：在底座长边方向两边的中间位置放置两根精轧螺纹钢，并插入地槽内用螺帽固定，螺纹钢上端放置并用螺帽固定一根刚性的分配梁，分配梁放置在离柱高度大约为千斤顶高度处，并在千斤顶上下两端放置一块刚性板，且千斤顶的截面中心与柱顶截面中心位置重合，千斤顶通过油泵手动控制,以保证具有恒定的轴力,由于精轧螺纹钢具有一定的柔性,在低周往复水平加载过程中,千斤顶、钢梁和试件之间不存在相对滑动,会整体摆动,进而消除了摩擦力的影响。试验为保证试件在水平方向往复荷载下底座不发生滑动,在底座两端放置两个千斤顶以防止在加载过程中产生滑动。

本次试验加载程序采用荷载-位移双控制的方法。加载制度示意图如图4.6 所示。具体加载过程如下:

(1)试验开始前,施加50%左右的轴向力以检验分配梁、千斤顶与试件之间是否牢固稳定,检验之后对试件施加至设计的轴压力值直到试验结束,其间要保持油压泵的稳定性,以保证施加的轴力值恒定。

(2)待竖向荷载施加完后,进行作动头和试件夹头和各测试仪器的调试,并保证试验时试件两夹头与试件夹紧以确保试验能够顺利进行。

(3)在上述两步完成后,进行正式加载。试验时,在试件达到屈服前,按照荷载来控制,即采用 $0.2P_u$、$0.4P_u$ 进行加载并循环一次,P_u 为水平荷载的极限值;当试件达到屈服后按照变形来控制,即采用 $1\Delta_y$、$2\Delta_y$、$3\Delta_y$、$4\Delta_y$、$5\Delta_y$、$6\Delta_y$、$7\Delta_y$、$8\Delta_y$、$9\Delta_y$ 进行加载,其中,$\Delta_y = P_u/K_{sec}$,Δ_y 为试件屈服位移,K_{sec} 为荷载达到 $0.5P_u$ 时荷载-位移曲线的割线刚度。

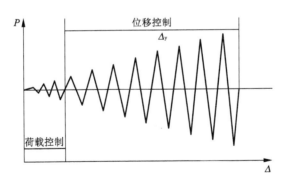

图 4.6　加载制度示意图

本次试验中测量内容主要包括水平荷载和竖向荷载、试件顶端的水平位移和各点应变。主要测点的布置如下。

(1)荷载位移采集。

试件竖向荷载由液压千斤顶施加,并通过标定好的手动控制油泵表盘读数。为观察试件沿高度位移变化情况，沿试件高度方向作用点和试件中部设置3个位移计，同时，在底座放置4个百分表用以观察支座在低周往复荷载下的滑动情况。试件各位移测点及应变测点位置如图4.7所示。

（2）应变采集。

为考察钢管表面应力在低周往复荷载下的变化，在钢管表面柱底部加劲肋上部100 mm范围内粘贴直角应变片，用以测试纵向和横向应变，应变由DH3818静态应变仪测量系统采集。为了方便描述应变，对钢管截面的各应变测点进行编号，其具体编号如图4.7所示共8个位置，应变片位于A—A截面，截面离加劲肋顶部10 cm，如图4.7(a)所示，且每个位置分为纵、横两个方向，即在1#~8#每个位置处上下各布置一个直角应变片，应变在横截面的具体位置如图4.7(b)所示。

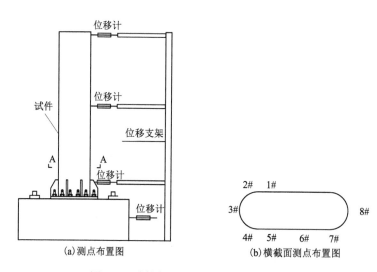

(a)测点布置图　　　　　　(b)横截面测点布置图

图4.7　试件各位移测点及应变测点布置

4.3　试验结果分析

4.3.1　破坏模式

试验结果表明，试件的破坏形态基本一致，即为典型的压弯破坏。当荷载超过屈服荷载后,随着试件横向位移的逐级增大,在试件底部加劲肋上端 70 mm 范围内开始出现局部屈曲。在往复荷载作用下,截面在下部位都有鼓曲的现象发生,试件接近破坏时,鼓曲急剧发展。试件局部破坏形态如图 4.8 所示,试验结束后试件破坏模态如图 4.9 所示。

(a) 正面　　　　　　　　　　　　(b) 侧面

图 4.8　试件局部破坏形态

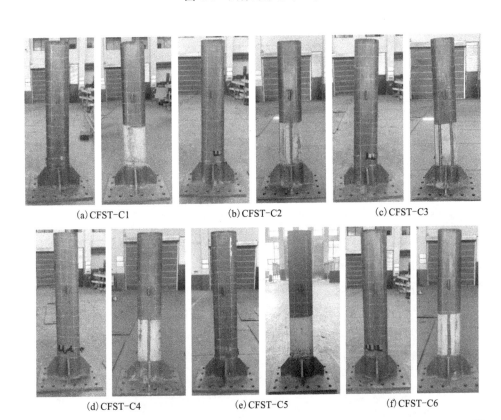

(a) CFST-C1　　　　　(b) CFST-C2　　　　　(c) CFST-C3

(d) CFST-C4　　　　　(e) CFST-C5　　　　　(f) CFST-C6

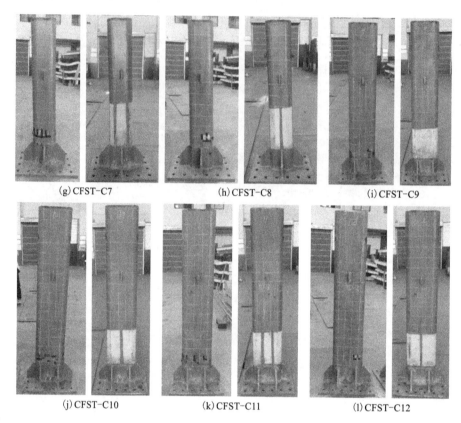

(g) CFST-C7   (h) CFST-C8   (i) CFST-C9

(j) CFST-C10   (k) CFST-C11   (l) CFST-C12

图 4.9   试件破坏模态

4.3.2 滞回曲线

滞回曲线反映了结构或构件在反复受力过程中的变形特征、刚度退化及能量消耗的能力，是结构或构件抗震性能的综合体现。滞回曲线的饱满程度反映结构或构件的抗震耗能能力的大小，曲线越饱满说明其抗震耗能能力越强，反之则抗震耗能能力就越差。图 4.10 为腔室布置对滞回曲线的影响，图 4.11 为轴压比对滞回曲线的影响。由图可知：①各试件的滞回曲线都较为饱满，均呈梭形，没有较明显的捏拢现象，抗震性能较好；②腔室布置对滞回曲线的影响较大，腔室布置数量越多，其滞回曲线越饱满。③轴压比 $n=0.3$ 的试件较 $n=0.1$ 的试件滞回曲线更为饱满。

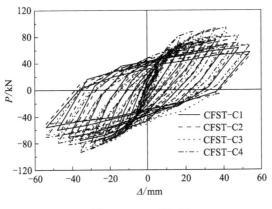

(a) CFST-C1~CFST-C4

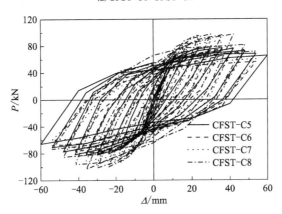

(b) CFST-C5~CFST-C8

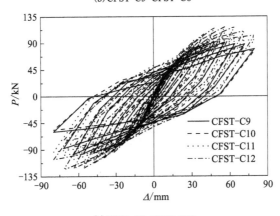

(c) CFST-C9~CFST-C12

图 4.10　腔室布置对滞回曲线的影响

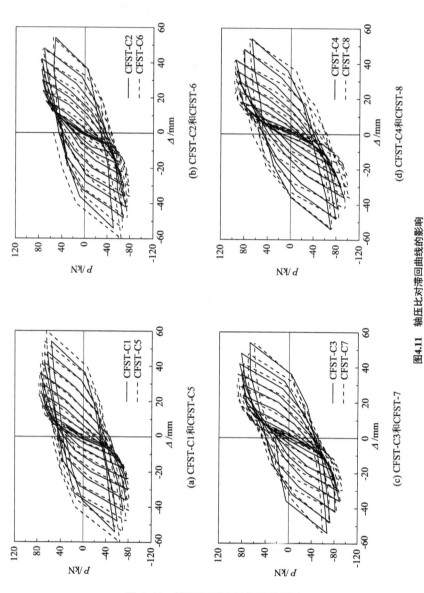

图 4.11　轴压比对滞回曲线的影响

4.3.3　骨架曲线

图 4.12 为腔室布置对骨架曲线的影响，图 4.13 为轴压比对骨架曲线的影响。腔室布置分别为单腔、2 腔、3 腔和 4 腔，其他参数均一致。由图可知：①腔室布置数量越多，其水平承载力越高，其弹性刚度也较大。②轴压比越高，试件极限承载力略大。

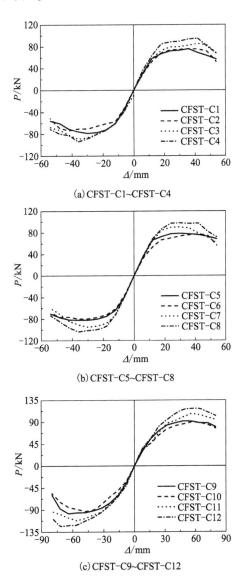

(a) CFST-C1~CFST-C4

(b) CFST-C5~CFST-C8

(c) CFST-C9~CFST-C12

图 4.12　腔室布置对骨架曲线的影响

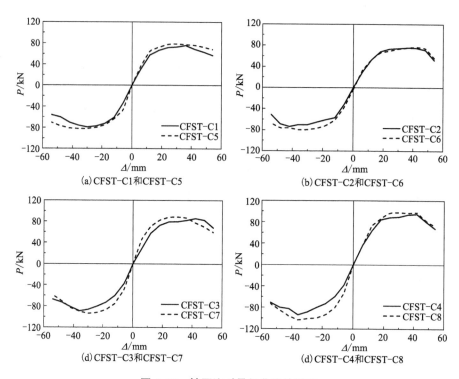

图 4.13　轴压比对骨架曲线的影响

4.3.4　刚度退化

　　试件刚度随着循环次数的增加以及位移接近极限值而不断下降的现象称为刚度退化，试件的刚度退化受构件材料的强度、几何尺寸、轴压比、外荷载大小以及钢管对核心混凝土的约束效应等因素的影响。

　　采用环线刚度 K_i 来评价刚度退化，具体表达式如下：

$$K_i = \frac{\sum\limits_{i=1}^{n} P_j^i}{\sum\limits_{i=1}^{n} \Delta_j^i} \qquad (4\text{-}2)$$

式中：K_i 为环线刚度；P_j^i 为位移延性系数为 j 时，第 i 次循环的峰值点荷载值；Δ_j^i 为位移延性系数为 j 时，第 i 次循环的峰值点变形值。

　　图 4.14 为腔室布置对刚度退化的影响，图 4.15 为轴压比对刚度退化的影响。由图可知，不同腔室布置下各试件刚度退化趋势均随着循环次数的增加而减小。

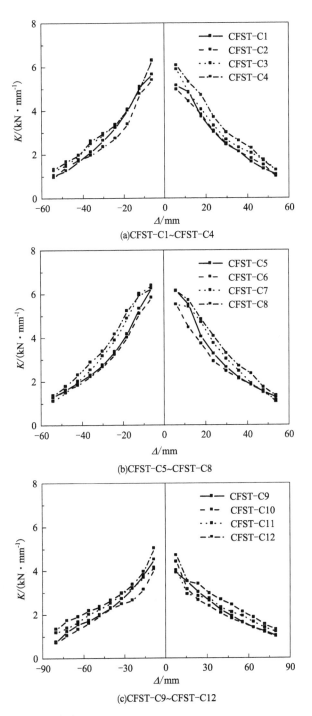

图 4.14　腔室布置对刚度退化的影响

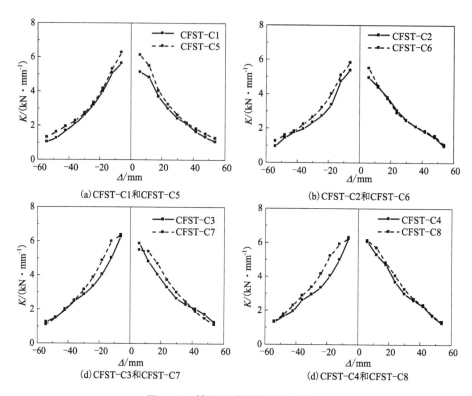

图 4.15　轴压比对刚度退化的影响

4.3.5　延性及承载力

对于低周往复荷载试验，在极限荷载出现之后，对位移加载范围内加载端荷载未下降至极限荷载的 85% 或没有明显下降的试件，取最后一个滞回环的峰值为破坏荷载 P_u 及破坏位移 Δ_u，延性指数公式见式（2-1）。

从表 4.2 可知：①试件极限承载力受轴压比影响较大，对于各试验试件，其极限承载力随着腔室布置数量的增大而增大，但 2 腔布置较单腔提高不明显，甚至出现下降趋势，这是因为 2 腔布置的中间钢板位于受弯区中性轴附近，对截面受弯承载力提高影响不大；②各试件延性系数较大，钢筋混凝土结构的位移延性指数一般不小于 2，本次试验中各试件的位移延性系数为 3.8～8.0，均大于 3，其延性指数远大于钢筋混凝土结构的延性指数，可以认为各试件的延性指标均能满足抗震设计要求。

表 4.2　试件各阶段荷载对比及位移延性系数

序号	试件编号	正向极限荷载 P_{max}^+/kN	负向极限荷载 P_{max}^-/kN	P_{max}^+ 与 P_{max}^- 均值(取正)/ kN	正向延性 μ^+	负向延性 μ^-	M^+ 与 M^- 均值 (取正)
1	CFST-C1	75.5	-78.8	77.2	5.0	4.9	5.0
2	CFST-C2	75.6	-73.6	74.6	5.9	7.0	6.5
3	CFST-C3	85.3	-89.2	87.3	5.6	4.5	5.1
4	CFST-C4	94.7	-93.8	94.3	4.7	4.3	4.5
5	CFST-C5	78.6	-82.1	80.4	6.8	8.0	7.4
6	CFST-C6	77.0	-79.9	78.5	5.2	6.0	5.6
7	CFST-C7	90.2	-94.7	92.5	4.4	4.7	4.6
8	CFST-C8	97.9	-103.4	100.7	4.7	4.5	4.6
9	CFST-C9	91.7	-97.5	94.6	5.2	4.8	5.0
10	CFST-C10	89.6	-92.9	91.3	4.4	3.5	4.0
11	CFST-C11	106.9	-111.9	109.4	3.8	3.9	3.9
12	CFST-C12	117.9	-123.6	120.8	4.0	3.8	3.9

4.3.6　耗能性能

结构或构件的能量耗散能力是指结构或构件在地震荷载作用下吸收能力的大小,通常以构件在一个周期中的荷载-位移滞回曲线包围的面积来衡量,在相同变形条件下,滞回曲线包围的面积越大,试件能够耗散的能量越多,越有利于结构的耗能与抗震。学者提出了各类指标来衡量耗散能力的大小,如能量耗散系数、能量系数、等效黏滞阻尼系数等。

图 4.16 为试件耗能情况,图 4.17 为腔室布置对耗能的影响,图 4.18 为轴压比对耗能的影响。结果表明:

(1)3 腔布置的钢管混凝土柱表现出较大的塑性耗能值,2 腔与单腔布置塑性耗能相差较小。2 腔、3 腔、4 腔分别较 1 腔提高-1.0%、7.1%、6.0%。

(2)轴压比对构件塑性耗能影响较大,同等条件下,CFST-C5~CFST-C8 较 CFST-C1~CFST-C4 大 18.2%,这与滞回曲线更饱满相一致,表明一定程度上,提高试件轴压比,能提高其抗震耗能性能。除了轴压比为 0.3 的试件外,

4 腔布置试件较 3 腔耗能性能略低，可知在试件耗能性能方面，腔室布置并非越多越好，试件较小的情况下，过多的腔室布置，会影响混凝土整体性能的发挥。

（3）建议截面长宽比较大的圆端形钢管混凝土低周往复试件，腔室布置使长短边接近较为合适。

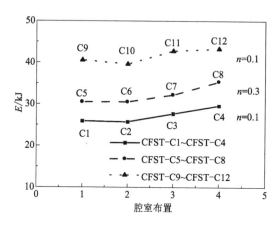

图 4.16　试件耗能情况

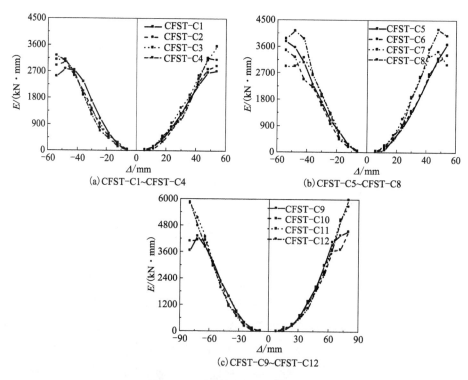

图 4.17　腔室布置对耗能的影响

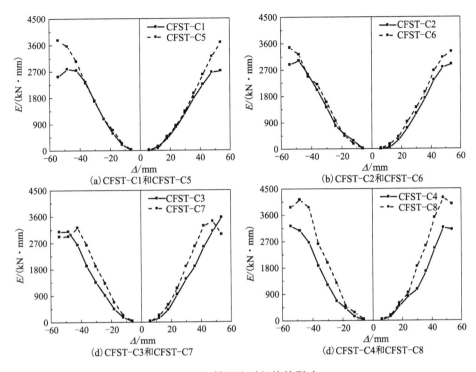

图 4.18 轴压比对耗能的影响

试件耗能指标见表 4.3。

表 4.3 试件耗能指标 单位：kJ

编号	CFST-C1	CFST-C2	CFST-C3	CFST-C4	CFST-C5	CFST-C6	CFST-C7	CFST-C8	CFST-C9	CFST-C10	CFST-C11	CFST-C12
正向	12.0	12.1	14.1	14.6	14.1	16.0	16.1	16.9	20.5	19.8	20.8	21.6
负向	13.9	13.6	13.6	15.0	16.4	14.5	16.1	18.5	20.1	19.8	22.0	21.7
合计	25.9	25.7	27.7	29.6	30.5	30.5	32.2	35.4	40.6	39.6	42.8	43.3

4.3.7 相互作用

1. 多腔约束对钢管环向应变的影响

图 4.19 为多腔约束对钢管环向应变的影响关系曲线，为减少焊接对应变测点的影响，选取圆弧中点处，可知：

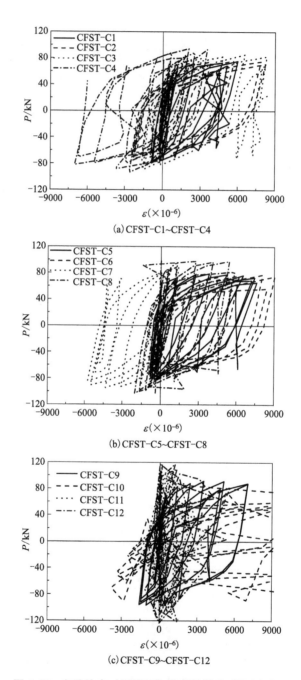

(a) CFST-C1~CFST-C4

(b) CFST-C5~CFST-C8

(c) CFST-C9~CFST-C12

图 4.19 多腔约束对钢管环向应变的影响(圆弧中点)

（1）不同腔室条件下，模型各点处钢管的轴向应力-应变关系曲线均表现出一定的滞回性。

（2）低周往复荷载作用下，多腔约束对圆弧处钢管横向应变影响较小。

2. 轴压比对钢管环向应变的影响

图 4.20 为轴压比对荷载与钢管环向应变的影响，以试件 CFST-C3 和 CFST-C7 为例，可知：

（1）两种轴压比情况下，模型各点处钢管的轴向应力-应变关系曲线均表现出一定的滞回性，试件直边中点的应变要小于圆端形钢管转角和圆弧中点处，这也证实了圆端形钢管直边处约束较弱、圆弧处约束较强。

（2）低周往复荷载作用下，试件 CFST-C3 钢管表面横向变形系数要小于试

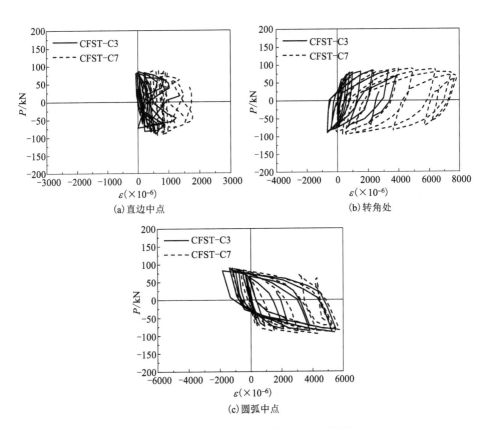

（a）直边中点　　　　　　　　　（b）转角处

（c）圆弧中点

图 4.20　轴压比对荷载与钢管环向应变的影响

件 CFST-C7，可见轴压比适当增加，有助于提高钢管的横向约束作用，与试件承载力提高的趋势相吻合。

3. 截面长宽比对钢管环向应变的影响

图 4.21 为试件荷载对钢管环向应变的影响，比较 CFST-C1 和 CFST-C9、CFST-C2 和 CFST-C10 试验结果，可知：

(1) 不同截面长宽比情况下，模型各点处钢管的荷载-环向应变关系曲线均表现出一定的滞回性。

(2) 低周往复荷载作用下，模型 CFST-C1 钢管表面环向应变、横向变形系数要大于模型 CFST-C9，说明长宽比越大，单腔钢管柱，钢管对混凝土的约束作用越弱。

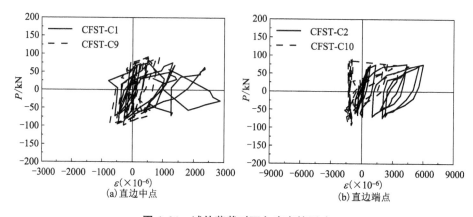

图 4.21　试件荷载对环向应变的影响

4.4　有限元分析

4.4.1　模型建立

1. 网格划分

钢管和核心混凝土的单元类型、两者接触关系的界面模型、网格划分及有限元求解计算方法与第 2 章相同，模型单元如图 4.22 所示。

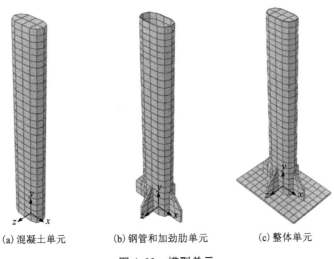

　　(a) 混凝土单元　　　　(b) 钢管和加劲肋单元　　　　(c) 整体单元

图 4.22　模型单元

2. 材料本构关系

（1）混凝土受压受拉骨架曲线。

骨架曲线参考第 2 章。

（2）混凝土损伤变量计算方法。

ABAQUS 中将混凝土卸载时的卸载刚度定义为 $(1-D_1)E_c$，E_c 为弹性模量，D_1 为弹性模量损伤变量。按照能量损伤，损伤变量也可定义为：

$$1-D_2 = \frac{W_e}{W} \qquad (4-3)$$

式中：W 为混凝土单轴受力进入塑性阶段后混凝土变形产生的应变能，$W = \int_0^\varepsilon \sigma(\varepsilon)\mathrm{d}\varepsilon$；$W_e$ 为卸载后变形引起的可恢复弹性应变能，$W_e = \dfrac{\sigma^2}{2(1-D_1)E_c}$；$D_2$ 为能量损伤变量。

　　若认为弹性模量损伤和能量的损失存在如下关系，即

$$1-D_1 = (1-D_2)^n \qquad (4-4)$$

　　混凝土的开裂应变 ε_t^{ck} 为总应变减去无损伤的弹性应变，即 $\varepsilon_t^{ck} = \varepsilon_t - \varepsilon_{ot}^{el}$。混凝土的塑性损伤模型，是以受拉应力与塑性应变关系曲线来描述受拉应力-应

变曲线的，在 ABAQUS 程序内部自动将非弹性应变转化为塑性应变（ε_t^{pl}），即

$\varepsilon_t^{pl} = \varepsilon_t^{in} - \dfrac{D_t}{(1-D_t)} \dfrac{\sigma_t}{E_0}$，得到基于弹性模量损伤的损伤变量表达式：

$$D_1 = 1 - \left(\frac{\sigma^2}{2E_c W} \right)^{\frac{n}{n+1}} \qquad (4\text{-}5)$$

文献根据对循环荷载和反复荷载下混凝土单轴拉、压卸载刚度试验结果的分析提出：

$$n = \frac{1+0.05x^4}{3+0.05x^4} \qquad (4\text{-}6)$$

式中：$x = \varepsilon / \varepsilon_0$，$\varepsilon_0$ 为混凝土拉、压峰值应变。

在实际计算时，修正黏性系数以保证计算的速度及计算的收敛性。在循环加载时，混凝土单轴受力损伤变量计算简图如图 4.23 所示。刚度恢复因子取 $W_c = 0.8$ 和 $W_t = 0.2$，以模拟混凝土卸载再加载的转换。

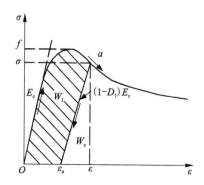

图 4.23　混凝土单轴受力损伤变量计算简图

（3）钢材混合强化模型。

反复荷载下钢材本构关系采用丁发兴等提出的 ABAQUS 中参数表示的混合强化模型，以反映钢材的屈服面及包辛格效应，模型中的 5 个参数选取如下：零塑性应变处的屈服应力（yield stress at zero plastic strain）及等效应力（equivalent stress）由测试的屈服强度来确定，其他 4 个参数由试验结果标定，即随动硬化参数 C_1（kinematic hard parameter）取值为 7500，Gamma 取值为 50，Q 无限（Q-infinite）取值为屈服强度的一半，硬化参数 b（hardening parameter）取值为 0.1。

4.4.2 有限元计算结果验证

1. 破坏模式验证

试件 CFST-C9 试验破坏与有限元模拟比较如图 4.24 所示。由图可知,试件钢管在加劲肋上方约 10 cm 处达到了应力最大值,这与试验观察到的破坏情况相吻合,均为加劲肋上部钢管的局部屈曲,为压弯破坏。

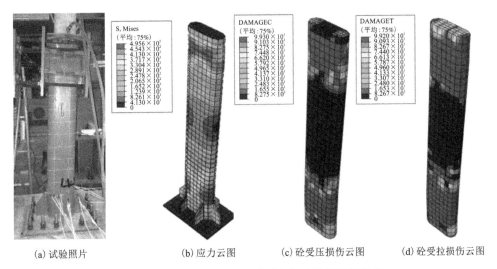

(a)试验照片　　(b)应力云图　　(c)砼受压损伤云图　　(d)砼受拉损伤云图

图 4.24　试件 CFST-C9 试验破坏与有限元模拟比较

2. 滞回曲线验证

各试件试验滞回曲线与有限元滞回曲线比较如图 4.25 所示。图中,Δ 为柱顶水平位移,P 为柱顶水平荷载。可知,有限元滞回曲线与试验滞回曲线承载力总体吻合较好,有限元计算的承载力总体偏小。

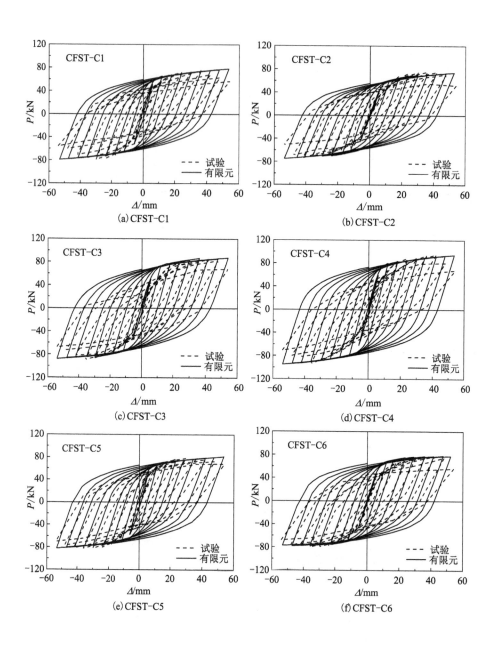

(a) CFST-C1

(b) CFST-C2

(c) CFST-C3

(d) CFST-C4

(e) CFST-C5

(f) CFST-C6

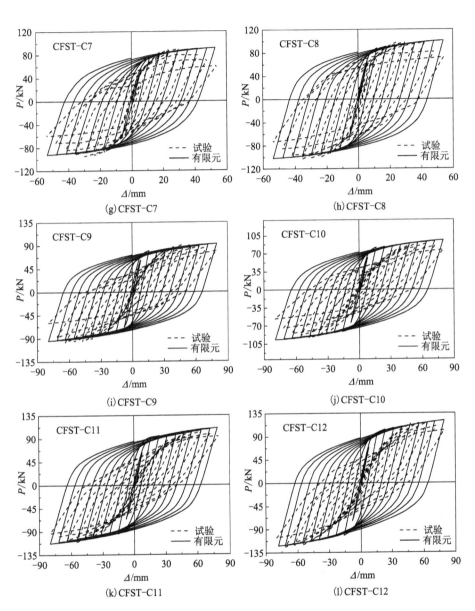

(g) CFST-C7

(h) CFST-C8

(i) CFST-C9

(j) CFST-C10

(k) CFST-C11

(l) CFST-C12

图 4.25　各试件试验滞回曲线与有限元滞回曲线比较

3. 骨架曲线验证

各试件有限元骨架曲线与试验骨架曲线比较如图 4.26 所示。从图中可知：有限元骨架曲线和试验骨架曲线的总体吻合较好，有限元计算值较试验值总体偏低；试验骨架曲线下降不明显，而有限元骨架曲线下降明显，表明试验试件测得的刚度较好；有限元骨架曲线和试验骨架曲线均呈 S 形。

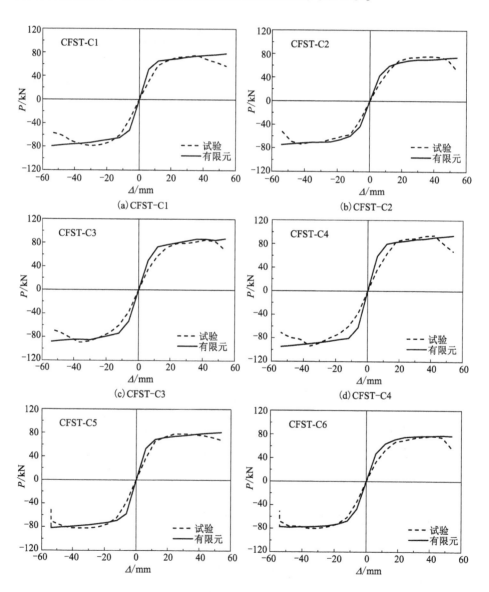

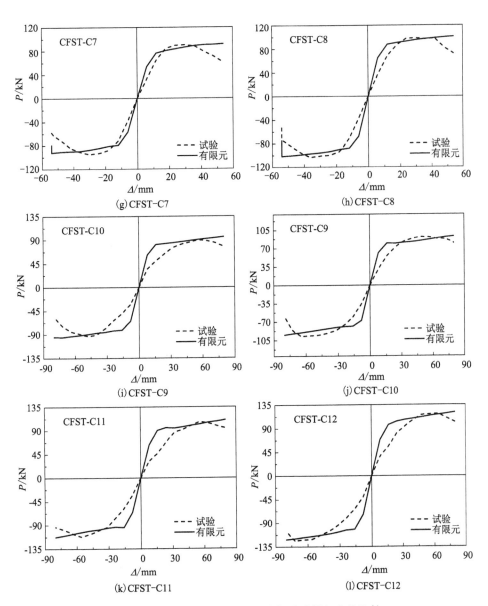

图 4.26　各试件有限元骨架曲线与试验骨架曲线比较

4.4.3 钢管表面各点应变曲线计算结果分析

1. 荷载-应变曲线

选取典型 CFST-C1 试件为例，低周往复下有限元计算荷载-应变曲线、试验实测荷载-应变曲线比较如图 4.27 所示，可知：

（1）试件在受力过程中的应变发展基本呈现出了低周往复的滞回特性。钢管表面的压应变为负值，拉应变为正值；荷载-应变曲线前期整体呈现较平稳状态，后期曲线出现了较大的波动，这与试验过程中试件出现破坏、部分测点钢管出现屈曲破坏有关。

（2）纵向、环向应变规律大致相同，随着水平荷载的低周往复，应变也呈现正负向的拉推循环，随着荷载的持续增大，荷载-应变曲线更加饱满，这是由于钢管在后期加载过程中，钢管对混凝土的约束逐渐增加。

（3）圆端形钢管直边的中点处，该处钢管对核心混凝土的约束较弱，在低周往复试验加载过程中钢管变应较小；圆端形钢管圆弧中点处，钢管对核心混凝土的约束较强，在低周往复试验加载过程中钢管应变较大。

2. 荷载-钢管表面横向变形系数曲线

为了反映钢管在加载中材料横向变形的特性，定义横向应变/竖向应变为横向变形系数。图 4.28 给出了 CFST-C1 试件有限元计算与试验实测荷载-横向变形系数的比较，可知：

（1）实测数据与有限元计算数值规律较为一致，即随着横向荷载的加大，其钢管环向应力也增大，环向应力大于纵向应力，横向变形系数大于 0.5，钢管对混凝土产生套箍约束作用。

（2）在循环加载的前期阶段，横向应变增长速率较小，轴向压力为恒定值，纵向应变基本维持不变，因此前期横向变形系数较小，且为一恒定值，随着循环加载次数的增多，钢管局部屈曲的变形增大，钢管的环向应变逐渐变大，其横向变形系数也变大，基本均在循环加载达到最后一次时或者接近最后一次时，横向变形系数急剧增大，并达到最大值。

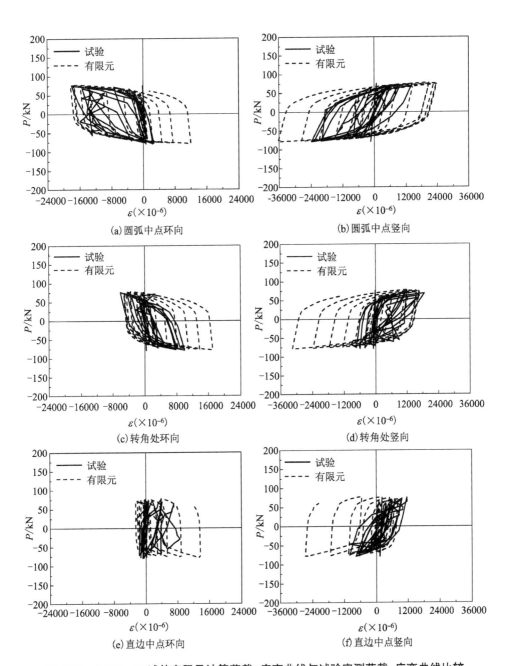

图 4.27　CFST-C1 试件有限元计算荷载-应变曲线与试验实测荷载-应变曲线比较

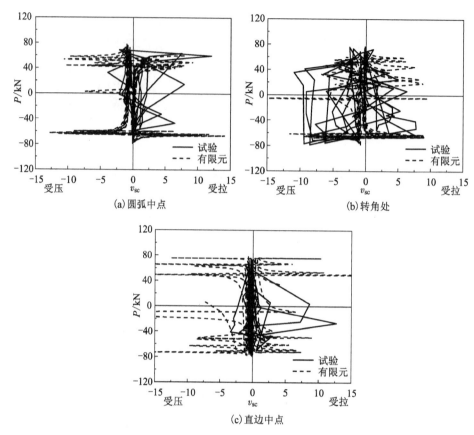

图 4.28　CFST-C1 试件有限元计算与试验实测荷载-横向变形系数的比较

4.4.4　钢管混凝土柱损伤及应力发展分析

通过提取混凝土柱损伤变形,可以反映试件在加载过程中混凝土受力破坏的进程。以 CFST-C5 为例,图 4.29 为混凝土受压损伤(DAMAGEC)云图,图 4.30 为混凝土受拉损伤(DAMAGET)云图,图 4.31 为钢材应力(Mises)云图,表 4.4 表示循环加载过程中柱损伤信息。结果表明:混凝土柱顶和墩底区域出现了明显的损伤,随着加载的不断进行,损伤数值和钢材极值不断增大,表明模型采用的建模方式和混凝土塑性损伤本构关系能较好地模拟低周往复过程中混凝土柱损伤。

图 4.29　混凝土受压损伤（DAMAGEC）云图

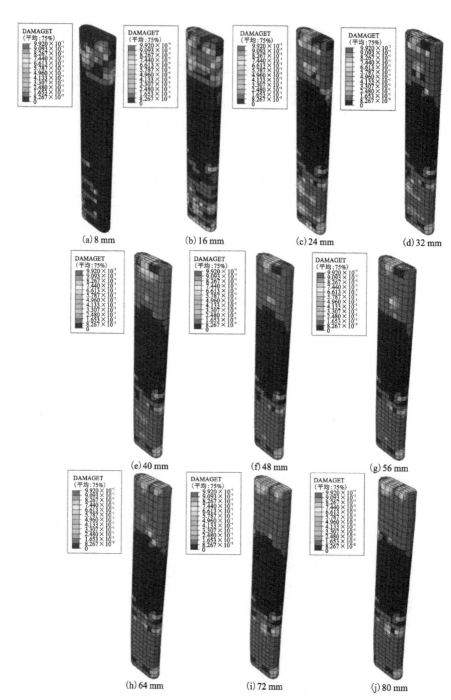

图 4.30　混凝土受拉损伤(DAMAGET)云图

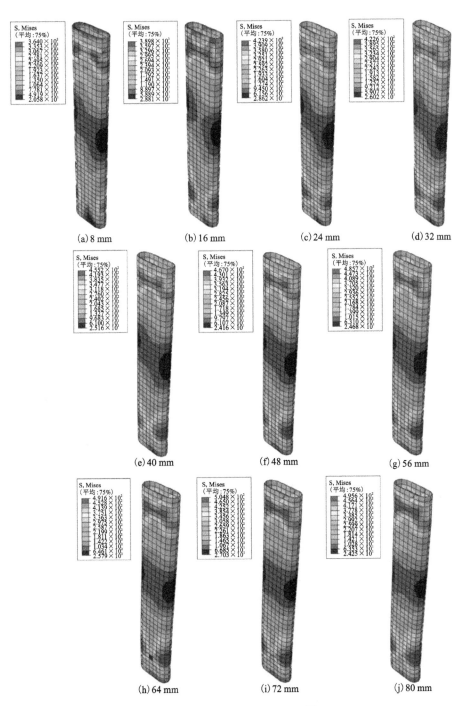

图 4.31　钢材应力(Mises)云图

表 4.4　循环加载过程中柱损伤信息

序号	循环最大位移 /mm	混凝土受压 损伤极值	混凝土受拉 损伤极值	钢材应力 最大值/MPa
1	8	0.339	0.992	364.0
2	16	0.955	0.992	389.8
3	24	0.991	0.992	423.9
4	32	0.993	0.992	422.6
5	40	0.993	0.992	455.2
6	48	0.993	0.992	467.0
7	56	0.993	0.992	485.7
8	64	0.993	0.992	491.6
9	72	0.993	0.992	504.8
10	80	0.993	0.992	495.6

4.4.5　多腔圆端形钢管混凝土柱塑性耗能影响分析

1. 总塑性耗能值比较

为直观反映多腔圆端形钢管混凝土柱在低周往复作用下塑性耗能变化规律，本节将利用有限元软件对钢管、混凝土进行耗能分析，提取塑性耗能结果（ALLPD）揭示两者之间的耗能机理。图 4.32 为模型总塑性耗能值随有限元设置分析步变化曲线，比较 CFST-C1～CFST-C12 结果，可知：

（1）CFST-C1 塑性耗能值为 40.5 kJ，与图 4.25 求出来的模型数值吻合，说明数值提取的准确性。

（2）各试件耗能均随着分析步的增长而增大。

（3）两种轴压比下，轴压比 0.3 的试件较轴压比 0.1 的试件大，这与前述的承载力变化趋势相吻合。

2. 多腔约束对塑性耗能值的贡献

有限元计算所得模型各部分塑性耗能比例和总塑性耗能值如图 4.33 所示，试件耗能指标见表 4.5，可知：

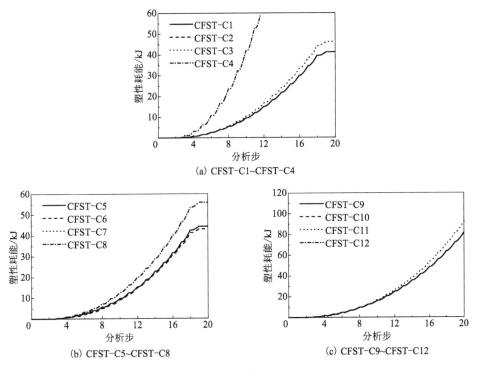

图 4.32　模型总塑性耗能值随有限元设置分析步变化曲线

（1）3 腔布置的钢管混凝土柱表现出较大的塑性耗能值，2 腔与单腔布置塑性耗能相差较小。2 腔、3 腔、4 腔分别较单腔提 −3.9%、11.6%、22.6%。

（2）构件塑性耗能值的提高或减小主要由钢材决定，单腔至 4 腔，钢材耗能占比均值为 0.97、0.98、0.98、0.98。钢材含钢率增加可直接提升构件耗能性能。

（3）构件中混凝土耗能占比较小，1 腔至 4 腔，钢材耗能占比均值为 0.03、0.02、0.02、0.02。多腔约束基本不改变混凝土的耗能。

（4）轴压比对构件塑性耗能影响较大，同等条件下，CFST-C5～CFST-C8 较 CFST-C1～CFST-C4 大 9.54%，这与试验结果一致，表明一定程度下，提高试件轴压比，能提高其抗震耗能性能。

（5）建议截面长宽比较大的圆端形钢管混凝土低周往复试件，腔室布置应使长短边长度接近。

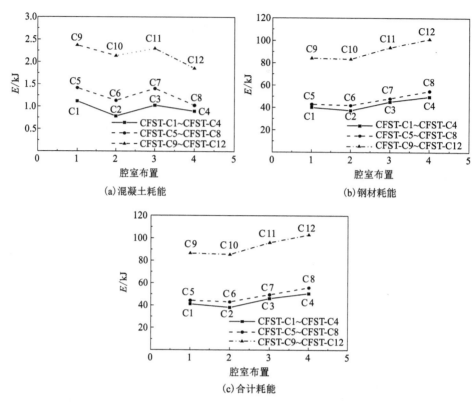

(a) 混凝土耗能   (b) 钢材耗能

(c) 合计耗能

图 4.33　有限元计算所得模型各部分塑性耗能比例和总塑性耗能值

表 4.5　试件耗能指标　　　　　　　　　　（单位：kJ）

序号	试件编号	腔室	轴压比	混凝土	钢材	所有
1	CFST-C1	单腔	0.1	1.12	40.07	41.19
2	CFST-C2	2 腔	0.1	0.79	37.32	38.11
3	CFST-C3	3 腔	0.1	1.03	45.10	46.13
4	CFST-C4	4 腔	0.1	0.90	49.73	50.63
5	CFST-C5	单腔	0.3	1.42	42.95	44.37
6	CFST-C6	2 腔	0.3	1.14	41.96	43.10
7	CFST-C7	3 腔	0.3	1.40	48.17	49.57
8	CFST-C8	4 腔	0.3	1.03	54.79	55.82
9	CFST-C9	单腔	0.1	2.37	84.19	86.56

续表 4.5

序号	试件编号	腔室	轴压比	混凝土	钢材	所有
10	CFST-C10	2 腔	0.1	2.14	83.35	85.49
11	CFST-C11	3 腔	0.1	2.30	93.76	96.06
12	CFST-C12	4 腔	0.1	1.86	101.20	103.06

4.5　本章小结

进行了 12 根多腔圆端形钢管混凝土试件低周往复试验,建立了低周往复荷载下的多腔圆端形钢管混凝土柱有限元模型,考察了腔室布置、轴压比、截面长宽比等参数对试件滞回性能的影响,分析抗震性能指标的影响,结论如下:

(1)多腔圆端形钢管混凝土压弯柱滞回曲线形状较为饱满,没有明显的捏拢现象,耗能能力较好,其中,腔室布置和轴压比对滞回曲线影响较大。腔室布置越多,其滞回曲线越饱满、水平承载力越高、弹性刚度也较大。多腔约束可以有效地延缓或阻止钢管的鼓屈,提高钢管对混凝土的套箍约束作用,使混凝土与拉筋形成一个整体,从而提高试件的极限承载力和耗能能力。轴压比 $n=0.3$ 的试件较 $n=0.1$ 的试件滞回曲线更为饱满,试件承载力略大。

(2)各骨架曲线在受荷后期基本保持水平或者呈现微弱的下降,延性系数均大于 3,表现出良好的延性。试件刚度均随着循环次数的增加而不断降低;各试件耗能性能较为饱满,满足抗震耗能要求。

(3)建立考虑钢管、混凝土相互作用的滞回性能的三维实体有限元模型,拟静力试验结果与有限元计算吻合良好,包括整体破坏形态、局部现象、荷载-位移滞回曲线、骨架曲线、刚度退化曲线,荷载-应变曲线、荷载-横向变形系数曲线等。

(4)有限元计算结果表明,轴压比越大,多腔约束对提高多腔圆端形钢管混凝土的极限承载力、延性和总塑耗能越显著。多腔约束对核心混凝土的塑性耗能影响不大,但显著提高了钢管的塑性耗能比例,表明多腔约束可以使核心混凝土和钢管更好地协同工作。建议截面长宽比较大的圆端形钢管混凝土试件,腔室布置应使长短边长接近。

第 5 章

结论与展望

5.1 结论

(1)进行了 8 个多腔圆端形钢管混凝土短柱轴压试验研究,建立了轴压荷载下的多腔圆端形钢管混凝土柱有限元模型,考察了腔室布置、截面长宽比等参数对试件轴压性能的影响,分析轴压性能力学指标,结论如下:

①试件在轴向荷载作用下,经历三个阶段即弹性阶段、弹塑性阶段和破坏阶段。此外,竖向隔板可以有效地防止和延缓核心混凝土剪切裂缝的扩展,从根本上改变 CFST 短柱的破坏模式。

②腔室布置越多,钢管含钢率越高,钢管约束作用越强,试件极限承载力越高,试件环向应变越大。截面长宽比越大,试件横向约束系数越小。CFST 短柱的极限承载力、延性和强重比均随着钢管内腔室数量的增加而显著提高,多腔圆端形钢管混凝土短柱延性普遍表现较好,即 CFST 短柱的抗压性能得到了多腔钢管的改善。

③建立考虑钢管、混凝土相互作用的轴压短柱三维实体有限元模型,计算结果与试验结果符合良好。随着截面长宽比的增大,钢管在半圆形部分对核心混凝土的约束作用基本不变,而在矩形部分对核心混凝土的约束作用逐渐减弱。在钢管内焊接竖直隔板后,多腔钢管在半圆形部分对钢管对核心混凝土的约束作用几乎没有影响,而在矩形部分可以增强钢管对核心混凝土的约束作用。

④合理简化多腔圆端形钢管混凝土轴压短柱极限承载力时截面的应力云图,基于截面极限平衡法建立了轴压短柱承载力实用计算式,计算结果与试验结果吻合较好,并与各规范或规程比较,本书提出的承载力计算公式更为精确,提出了多腔圆端形钢管混凝土柱组合刚度计算式,计算精度满足工程的需要。

(2)进行了 8 根多腔圆端形钢管混凝土试件纯弯试验研究,建立了纯弯荷载下的多腔圆端形钢管混凝土柱有限元模型,考察了腔室布置、截面长宽比等参数对试件纯弯性能的影响,分析抗弯性能力学指标,结论如下:

①多腔圆端形钢管混凝土纯弯试件试件表现为延性破坏,整体破坏形态为弓形,其形态近似正弦波,受压区钢管局部屈曲,屈曲部位的混凝土被压碎,而受拉区混凝土开裂,裂缝在受拉区均匀分布,最大裂缝出现在试件最大挠度处。试验过程一共经历了弹性阶段、弹塑性阶段和塑性阶段三个阶段,纯弯段受压区混凝土受到钢管的约束,而受拉区钢管对核心混凝土几乎没有约束作用。

②单腔与 2 腔构件承载力相当,3 腔及 4 腔试件极限承载力明显提高。多腔圆端形钢管混凝土纯弯柱普遍延性较好。腔室布置越多,试件环向应变越大,截面长宽比越大,试件横向约束系数越小。

③采用 ABAQUS 有限元软件建立纯弯试件有限元模型,并对试验进行验证,全面分析了纯弯试件的整个受力过程,探讨了核心混凝土和钢管之间的应力分布与中心轴的变化规律,钢管、混凝土和隔板之间的组合作用显著影响了混凝土和钢管中的应力重分布。开展了有限元模型参数分析,结果表明,提高混凝土强度可以小幅提高极限弯矩和抗弯刚度,增加钢材屈服强度可以明显提高极限弯矩,但对抗弯刚度的影响非常小。

④基于参数分析,建立了多腔圆端形钢管混凝土纯弯试件抗弯刚度和承载力计算公式,计算结果与试验值吻合较好。

(3)进行了 12 根多腔圆端形钢管混凝土试件低周往复试验,建立了低周往复荷载下的多腔圆端形钢管混凝土柱有限元模型,考察了腔室布置、轴压比、截面长宽比等参数对试件滞回性能的影响,分析抗震性能指标的影响,结论如下:

①多腔圆端形钢管混凝土压弯柱滞回曲线形状较为饱满,没有明显的捏拢现象,耗能能力较好,其中腔室布置和轴压比对滞回曲线影响较大。腔室布置

越多，其滞回曲线越饱满、水平承载力越高、弹性刚度也较大。多腔约束可以有效地延缓或阻止钢管的鼓屈，提高钢管对混凝土的套箍约束作用，使混凝土与拉筋形成一个整体，从而提高试件的极限承载力和耗能能力。轴压比 $n=0.3$ 的试件较 $n=0.1$ 的试件滞回曲线更为饱满，试件承载力略大。

②各骨架曲线在受荷后期基本保持水平或者呈现微弱的下降，延性系数均大于3，表现出良好的延性。试件刚度均随着循环次数的增加而不断降低；各试件耗能性能较为饱满，满足抗震耗能要求。

③建立考虑钢管、混凝土相互作用的滞回性能的三维实体有限元模型，拟静力试验结果与有限元计算吻合良好，包括整体破坏形态、局部现象、荷载–位移滞回曲线、骨架曲线、刚度退化曲线、荷载–应变曲线、荷载–横向变形系数曲线等。

④有限元计算结果表明，轴压比越大，多腔约束对提高多腔圆端形钢管混凝土的极限承载力、延性和总塑耗能越显著。多腔约束对核心混凝土的塑性耗能影响不大，但显著提高了钢管的塑性耗能比例，表明多腔约束可以使核心混凝土和钢管更好地协同工作。建议截面长宽比较大的圆端形钢管混凝土试件，腔室布置应使长短边长接近。

5.2 展望

（1）开展轴压、弯曲、扭转、剪切等复杂耦合荷载作用下多腔圆端形钢管混凝土柱研究，揭示钢管与混凝土之间的约束作用，建立不同荷载作用下构件承载力和刚度计算式。

（2）考虑矩形、方形等不同截面形式的多腔钢管混凝土柱，分别研究其静力和抗震性能，提出科学合理的构造措施。

参考文献

［1］ 中华人民共和国住房和城乡建设部.钢结构设计标准(GB 50017—2017)［S］.北京：中国建筑工业出版社，2017.

［2］ 中华人民共和国住房和城乡建设部.钢管混凝土结构技术规范(GB 50936—2014)［S］.北京：中国建筑工业出版社，2014.

［3］ 国家市场监督管理总局，国家标准化管理委员会.金属材料 拉伸试验 第1部分：室温试验方法(GB/T 228.1—2021)［S］.北京：中国计划出版社，2021.

［4］ 中华人民共和国住房和城乡建设部，国家市场监督管理总局.混凝土力学性能试验方法标准(GB/T 50081—2019)［S］.北京：中国建筑工业出版社，2019.

［5］ 中国工程建设标准化协会.钢管混凝土结构技术规程(CECS 28—2012)［S］.北京：中国计划出版社，2012.

［6］ 中华人民共和国住房和城乡建设部.建筑抗震试验规程(JGJ/T 101—2015).［S］.北京：中国建筑工业出版社，2015.

［7］ 王克海.桥梁抗震研究［M］.2版.北京：中国铁道出版社，2015.

［8］ 刘劲，张再华，王露.钢–混凝土组合梁抗震耗能研究［M］.长沙：中南大学出版社，2019.

［9］ 《中国公路学报》编辑部.中国桥梁工程学术研究综述［J］.中国公路学报，2014，27(5)：1-96.

［10］ 蒋丽忠，邵光强，姜静静，等.高速铁路圆端形实体桥墩抗震性能试验研究［J］.土木工程学报，2013，46(3)：86-95.

[11] 周绪红, 张素梅, 刘界鹏. 钢管约束钢筋混凝土压弯构件滞回性能试验研究与分析 [J]. 建筑结构学报, 2008, 29(5): 75-84.

[12] 韩林海. 钢管混凝土结构: 理论与实践[M]. 3版. 北京: 科学出版社, 2016.

[13] 经承贵, 陈宗平, 周山崴. 方钢管螺旋筋复合约束混凝土轴压短柱破坏机理试验研究 [J]. 建筑结构学报, 2018, 39: 93-102.

[14] 王志滨, 郭俊涛, 张万安, 等. 带肋冷弯薄壁方钢管混凝土柱滞回性能研究[J]. 建筑结构学报, 2019, 40(11): 172-181.

[15] 丁发兴, 潘志成, 罗靓, 等. 水平地震下钢-混凝土组合框架结构极限抗震与强柱构造 [J]. 钢结构(中英文), 2021, 36(2): 26-37.

[16] 丁发兴, 卫心怡, 潘志成, 等. 高轴压比方形钢管混凝土柱-组合梁单边栓连刚接节点抗震性能试验研究[J]. 建筑结构学报, 2023, 44(7): 105-115.

[17] 丁发兴, 余志武. 基于损伤泊松比的混凝土多轴强度准则[J]. 固体力学学报, 2007, 28(1): 18-24.

[18] 刘劲, 丁发兴, 龚永智, 等. 圆钢管混凝土短柱局压力学性能研究[J]. 湖南大学学报(自然科学版), 2015, 42(11): 33-40.

[19] 刘劲, 丁发兴, 蒋丽忠, 等. 负弯矩荷载下钢-混凝土组合梁抗弯刚度研究[J]. 铁道科学与工程学报, 2019, 16(9): 2281-2289.

[20] 冀浩博, 刘劲, 潘资贸, 等. 多腔约束圆端形钢管混凝土纯弯柱试验研究[J]. 工程技术, 2023, 5: 61-64.

[21] 樊健生, 朱尧于, 崔冰, 等. 钢板-混凝土组合结构桥塔研究及应用综述[J]. 土木工程学报, 2023, 56(4): 61-71.

[22] 董宏英, 李瑞建, 曹万林, 等. 不同腔体构造矩形截面钢管混凝土柱轴压性能试验研究[J]. 建筑结构学报, 2016, 37(5): 69-81.

[23] 龙跃凌, 蔡健, 王英涛, 等. 带约束拉杆矩形钢管混凝土短柱抗震性能试验研究 [J]. 建筑结构学报, 2016, 37(2): 133-141.

[24] 徐礼华, 徐鹏, 侯玉杰, 等. 多边多腔钢管自密实高强混凝土短柱轴心受压性能试验研究[J]. 土木工程学报, 2017, 50(1): 37-45.

[25] 曹万林, 武海鹏, 董宏英, 等. 异形截面巨型柱框架结构抗震研究与应用[J]. 华东交通大学学报, 2015, 32(1): 1-8.

[26] 谢恩普, 王志滨, 林盛, 等. 圆端形钢管混凝土轴压短柱的机理分析[J]. 福州大学学报(自然科学版), 2015, 43(4): 87-92.

[27] 武海鹏，曹万林，董宏英.基于"统一理论"的异形截面多腔钢管混凝土柱轴压承载力计算[J].工程力学，2019，36（8）：114-121.

[28] 陶慕轩，丁然，潘文豪，等.传统纤维模型的一些新发展[J].工程力学，2018，35（3）：1-21.

[29] 肖从真，蔡绍怀，徐春丽.钢管混凝土抗剪性能试验研究[J].土木工程学报，2005，38（4）：5-11.

[30] 李志强，陈以一，王伟.矩形钢管混凝土中短柱弯-剪性能试验研究[J].建筑结构学报，2015，36（7）：1-9.

[31] 黄宏，张安哥.圆钢管混凝土抗弯承载力的计算[J].华东交通大学学报，2008，25（1）：1-3.

[32] 欧智菁，林建茂，林上茂，等.钢管混凝土格构式高墩连续弯梁桥地震响应及参数分析[J].工程抗震与加固改造，2018，40（3）：62-70.

[33] 张冬芳，贺拴海，赵均海，等.考虑楼板组合作用的复式钢管混凝土柱-钢梁节点抗震性能试验研究[J].建筑结构学报，2018，39（7）：55-65.

[34] 姚攀峰.多腔钢管钢筋混凝土短柱轴压承载力实用计算方法[J].建筑结构，2017，47（S2）：255-259.

[35] AISC-LRFD. Load and Resistance Factor Design Specification for Structural Steel Buildings[S]. Chicago：American Institute of Steel Construction，1999.

[36] ACI Committee 318. Building Code Requirements for StructuralConcreteand Commentary[S]. Detroit：American Concrete Institute，1999.

[37] Eurocode 4. Design of Steel and Concrete Structures. Part1. 1：General Rules and Rules for Building[S]. Brussels（Belgium）：European Committee for Standardization，2004.

[38] AIJ. Recommendations for Design and Construction of Concrete Filled Steel Tubular Structures[S].Tokoy：Architectural Institute of Japan，1997.

[39] BS5400. Concrete and Composite Bridges [S]. London：British Standards Institutions，2005.

[40] Liu J, Zhang T, Pan Z C, et al. Behavior of concrete-filled steel tube columns with multiple chambers and round-ended cross-sections under axial loading[J]. Buildings. 2024，14：14030846.

[41] Liu J, Yu W Z, Fang Y W, et al. Experimental study on the seismic performance of concrete-filled steel tube columns with a multiple-chamber round-ended cross-section

［J］. Frontiers in Materials, 2024, 11: 1363206.

［42］ Liu J, Pan Z M, Pan Z C, et al. Experimental investigation on the axial loading performance of grooving-damaged square hollow concrete-filled steel tube columns［J］. Buildings. 2024, 14(1): 14010087.

［43］ Liu J, Zhang T, Yu W Z, et al. Behavior of multicell concrete-filled round-ended steel tubes under bending［J］. Structures. 2024, 67: 106984.

［44］ Shi R L, Pan Z C, Lun P Y, et al. Research on Corrosion Rate Model of Reinforcement in Concrete under Chloride Ion Environments ［J］. Buildings, 2023, 13: 965.

［45］ Ding F X, Liu J, Liu X M, et al. Experimental investigation on hysteretic behavior of simply supported steel-concrete composite beam［J］. Journal of Construction Steel Research, 2018, 144(5): 153-165.

［46］ Ding F X, Pan Z C, Lai Z C, et al. Experimental Study on the Seismic Behavior of Tie Bar Stiffened Round-Ended Concrete-Filled Steel Tube Columns ［J］. Journal of Bridge Engineering, 2020, 25: 04020071.

［47］ Ding F X, Pan Z C, Liu P, et al. Influence of stiffeners on the performance of blind-bolt end-plate connections to CFST columns［J］. Steel and Composite Structures, 2020, 36(4): 447-462.

［48］ Ding F X, Ying X Y, Zhou L C, et al. Unified calculation method and its application in determining the uniaxial mechanical properties of concrete［J］. Frontiers of Architecture and Civil Engineering. 2011, 5(3): 381-393.

［49］ Zhang T, Ding F X, Wang L P, et al. Behavior of polygonal concrete-filled steel tubular stub columns under axial loading［J］. Steel and Composite Structures 2018, 28(5): 573-588.

［50］ Zhang T, Gong Y Z, Ding F X, et al. Experimental and numerical investigation on the flexural behavior of concrete-filled elliptical steel tube (CFET)［J］. Journal of Building Engineering, 2021, 41: 102412.

［51］ Faesal A, Siti A O, et al. Review stiffened concrete-filled steel tubes: A systematic review ［J］. Thin-Walled Structures, 2020, 148: 106590.

［52］ Liu J P, Yang J, Chen B C, et al. Mechanical performance of concrete-filled square steel tube stiffened with PBL subjected to eccentric compressive loads: experimental study and numerical simulation［J］. Thin-Walled Structures, 2020, 149: 106617.

［53］ Truong G T, Kim J C, Choi K K. Seismic performance of reinforced concrete columns retrofitted by various methods［J］. Engineering Structures, 2017, 134: 217-235.

［54］ Zuo Z L, Cai J, Chen Q J, et al. Performance of T-shaped CFST stub columns with binding bars under axial compression［J］. Thin-Walled Structures, 2018, 129: 183-196.

［55］ Vasdravellis G, Valente M, Castiglioni C A. Dynamic response of composite frames with different shear connection degree［J］. Journal of Constructional Steel Research, 2009, 65: 2050-2061.

［56］ Shen Q H, Wang J F, Wang W Q, et al. Performance and design of ccentrically - loaded concrete-filled round-ended elliptical hollow section stub columns［J］. Journal of Constructional Steel Research, 2018, 150: 99-114.

［57］ Harpreet S, Aditya K T, Sayed M E, et al. Behavior of stiffened concrete-filled steel tube columns infilled with nanomaterial-based concrete subjected to axial compression ［J］. Journal of Materials Research and Technology, 2023, 24: 9580-9593.

［58］ Xie J X, Lu Z A, Tang P, et al. Modal analysis and experimental study on round-ended CFST coupled column cable stayed bridge［C］. Proceedings of the 2nd International Conference on Mechanic Automation and Control Engineering (MACE), 2011, 8(18): 2302-2304.

［59］ Xie J X, Lu Z A. Numerical simulation and test study on non-uniform areas of round-ended CFST tubular tower［C］. Proceedings of the Third International Conference on Information and Computing (ICIC2010), 2010, 4(6): 19-22.

［60］ Liao J J, Zeng J J, Quach W M, et al. Axial compressive behavior and model assessment of FRP-confined seawater sea-sand concrete-filled stainless steel tubular stub columns ［J］. Composite Structures, 2023, 311: 116782.

［61］ Liao J J, Li Y L, Yi O Y, et al. Axial compression tests on elliptical high strength steel tubes filled with self-compacting concrete of different mix proportions［J］. Journal of Building Engineering, 2021, 40: 102678.

［62］ Ahmed A N, Ehsan N, Agusril S, et al. Flexural behavior of double-skin steel tube beams filled with fiber-reinforced cementitious composite and strengthened with CFRP sheets ［J］. Materials, 2020, 13(14): 3064.

［63］ Amin A F, Mohammed A A O. Finite element analysis of rubberized concrete interlocking masonry under vertical loading［J］. Materials, 2022, 15(8): 2858.

［64］ Gong F Y, Koichi M. Multi-scale simulation of freeze-thaw damage to RC column and its restoring force characteristics［J］. Engineering Structures, 2018, 156: 522-536.

［65］ Wan C Y, Zha X X. Nonlinear analysis and design of concrete - filled dual steel tubular columns under axial loading［J］. Steel and Composite Structures, 2016, 20(3): 571-597.

［66］ Zhu A Z, Zhang X W, Zhu H P, et al. Experimental study of concrete filled cold-formed steel tubular stub columns［J］. Journal of Constructional Steel Research, 2017, 134: 17-27.

［67］ Wang J F, Shen Q H, Jiang H, et al. Analysis and design of elliptical concretefilled thin-walled steel stub columns under axial compression［J］. International Journal of Steel Structures, 2018, 18(2): 365-380.

［68］ Zhao Y G, Yan X F, Lin S Q. Compressive strength of axially loaded circular hollow centrifugal concrete-filled steel tubular short columns［J］. Engineering Structures, 2019, 201: 1-15.

［69］ Pi T, Chen Y, Kang H, et al. Study on circular CFST stub columns with double inner square steel tubes［J］. Thin-Walled Structures, 2019, 140: 195-208.

［70］ Zhou F, Young B. Experimental investigation of concrete-filled single-skin and double-skin steel oval hollow section stub columns［J］. Thin-Walled Structures, 2019, 140: 157-167.

［71］ Wang J F, Shen Q H. Numerical analysis and design of thin-walled RECFST stub columns under axial compression［J］. Thin-Walled Structures, 2018, 129: 166-182.

［72］ Yu M, Liao W L, Liu S M, et al. Axial compressive performance of ultra - high performance concrete-filled steel tube stub columns at different concrete age［J］. Structures, 2023, 55(9): 664-676.

［73］ Lai Z C, Yan J, Liu X H, et al. High-strength rectangular concrete-filled steel tube long columns: Parametric studies and design［J］. Journal of Building Engineeing, 2023, 75: 107012.

［74］ Hu B, Liu Y Y. Vehicular collision performance evaluation of concrete-filled steel tubular piers designed according to current codes in the US, Europe, and China［J］. Journal of Bridge Engineering, 2022, 27: 4022038.

［75］ Zhong J, Zheng X L, Wu Q F, et al. Seismic fragility and resilience assessment of bridge columns with dual-replaceable composite link beam under near-fault GMs［J］.

Structures, 2023, 47: 412-424.

[76] Lai Z C, Yan J, Wang Y, et al. Axial compressive behavior and design of high-strength square concrete-filled steel tube short columns with embedded GFRP tubes[J]. Journal of Constructional Steel Research, 2023, 207: 107955.

[77] Cai Z H, Zhuo W D, Wang Z J, et al. Compressive performance of an innovative tall pier with composite box section [J]. Journal of Constructional Steel Research, 2023, 202: 107779.

[78] Yang S L, Zhang L, Zhang J W, et al. Seismic behavior of concrete-filled wide rectangular steel tubular (CFWRST) stub columns[J]. Journal of Constructional Steel Research, 2022, 196: 107402.

[79] Zhou X H, Wang X D, Gu C, et al. Seismic behavior of a novel prefabricated thin-walled CFST double-column pier system for simple on-site assembly[J]. Thin-Walled Structures, 2023, 183: 110388.

[80] Noaman M R D, Wan H W B, Ahmed W. A Z, et al. A systematic review on CFST members under impulsive loading[J]. Thin-Walled Structures, 2022, 179: 109503.

[81] Zhao H, Mei S Q, Wang R, et al. Round-ended concrete-filled steel tube columns under impact loading: Test, numerical analysis and design method[J]. Thin-Walled Structures, 2023, 191: 111020.

[82] Li P P, Jiang J F, Li Q, et al. Axial compression performance and optimum design of round-cornered square CFST with high-strength materials [J]. Journal of Building Engineering, 2023, 68: 106145.

[83] Li X Z, Zhang S M, Lu W, et al. Axial compressive behavior of steel-tube-confined concrete-filled-steel-tubes[J]. Thin-Walled Structures, 2022, 181: 110138.

[84] Han L H, Ren Q X, Li W. Tests on stub stainless steel-concrete-carbon steel double-skin tubular (DST) columns[J]. Journal of Constructional Steel Research, 2011, 67: 437-452.

[85] Kian K, Asce S M, Michael J T, et al. Influence of slenderness on the behavior of a FRP-encased steel-concrete composite column[J]. Journal of Composites for Construction, 2012, 16(1): 100-109.

[86] Ottosen N S, Ristinmaa M. The Mechanics of Constitutive Modeling [M]. Netherlands Elsevier, 2005: 279-319.

[87] Han L H, Lu H, Yao G H, et al. Further study on the flexural behaviour of concrete-filled

steel tubes[J]. Journal of Constructional Steel Research, 2006, 62(6): 554-565.

[88] Lyu F, Yoshiaki G, Asce M, et al. Three-dimensional numerical model for seismic analysis of bridge systems with multiple thin-walled partially concrete-filled steel tubular columns [J]. Journal of structural engineering, 2020, 146(1): 04019164.

[89] Zhou Z, Mark D D, Zhou X H. New cross-sectional slenderness limits for stiffened rectangular concrete-filled steel tubes[J]. Engineering Structures, 2023, 280: 115689.

[90] Zhou Z, Gan D, Mark D D, et al. Seismic performance of square concrete-filled steel tubular columns with diagonal binding ribs[J]. Journal of Constructional Steel Research, 2022, 189: 107074.

[91] Zhou Z, Gan D, Zhou X H. Improved Composite Effect of Square Concrete-Filled Steel Tubes with Diagonal Binding Ribs [J]. Journal of Structural Engineering, 2019, 145 (10): 04019112.

[92] Hu R, Asce S M, Fang Z, et al. Experimental behavior of UHPC shear walls with hybrid reinforcement of CFRP and steel bars under lateral cyclic load[J]. Journal of Compsites for Construction, 2022, 26(2): 04022011.

[93] Hu R, Fang Z, Xu B D, et al. Cyclic behavior of ultra-high-performance concrete shear walls with different axial-load ratios[J]. ACI Structural Journal, 2022, 119(2): 233-246.

[94] Shen Q H, Wang J F, Richard L J Y, et al. Experimental study and strength evaluation of axially loaded welded tubular joints with round-ended oval hollow sections[J]. Thin-Walled Structures, 2020, 154: 106846.

[95] Hassanein M F, Patel V I. Round-ended rectangular concrete-filled steel tubular short columns: FE investigation under axial compression[J]. Journal of Constructional Steel Research, 2018, 140(1): 222-236.

[96] Zhang Q, Fu L, Xu L. An efficient approach for numerical simulation of concrete-filled round-ended steel tubes[J]. Journal of Constructional Steel Research, 2020, 170: 106086.

[97] Ren Z G, Wang D D, Li P P. Axial compressive behaviour and confinement effect of round-ended rectangular CFST with different central angles[J]. Composite structures, 2022, 285: 115193.

[98] Shen Q H, Wang F Q, Wang J F, et al. Cyclic behaviour and design of cold-formed round-ended concrete-filled steel tube columns[J]. Journal of Constructional Steel Research, 2022, 190: 107089.

[99] Qiao Q Y, Wu H P, Cao W L, et al. Axial compressive behavior of special-shaped concrete filled tube mega column coupled with multiple cavities[J]. Steel and Composite Structures, 2017, 23(6): 633-646.

[100] Qiao Q Y, Li X Y, Cao W L, et al. Seismic behavior of specially shaped concrete-filled steel tube columns with multiple cavities[J]. Structural Design of Tall Buildings, 2018, 27(12): 1-15.

[101] Wu H P, Cao W L, Qiao Q Y, et al. Uniaxial compressive constitutive relationship of concrete confined by special-shaped steel tube coupled with multiple cavities[J]. Materials, 2016, 86(9): 1-19.

[102] Chen H R, Wang L, Chen H T, et al. Experimental study on the seismic behavior of prefabricated L-shaped concrete-filled steel tube with rectangular multi-cell columns under different lateral loading directions [J]. Journal of Constructional Steel Research, 2021, 177: 106480.

[103] Yin F, Xue S D, Cao W L, et al. Experimental and Analytical Study of Seismic Behavior of Special-Shaped Multicell Composite Concrete-Filled Steel Tube Columns [J]. Journal of structural engineering, 2020, 146(1): 04019170.

[104] Zhao H, Zhang W H, Wang R, et al. Axial compressionbehaviour of round-ended recycled aggregate concrete - filled steel tube stub columns (RE - RACFST): Experiment, numerical modeling and design[J]. Engineering Structures, 2022, 276: 115376.

[105] Wei J G, Ying H D, Yang Y, et al. Experimental and numerical investigation of the seismic performance of concrete-filled steel tubular composite columns with UHPC plates [J]. Structures, 2023, 58: 105445.

[106] Zhou T, Li C Y, Chen Z H, et al. Quasi static behavior of specially shaped columns composed of concrete-filled steel tube frame-double steel concrete composite walls[J]. Journal of Constructional Steel Research, 2021, 183(8): 106730.

[107] Zhao P T, Huang Y, Liu Z Z, et al. Experimental study on seismic performance of hybrid steel - polypropylene fiber - reinforced recycled aggregate concrete - filled circular steel tube columns[J]. Construction and Building Materials, 2022, 359: 129413.

[108] Xu Q Y, Sun H, Ding F X, et al. Analysis of ultimate seismic performance of thin-walled concrete-filled steel tube bridge piers under dynamic load[J]. Engineering Structures, 2023, 292: 116544.

［109］Zhang W, Li G, Xiong Q Q, et al. Seismic behavior of wide‑limb special‑shaped columns composed of concrete‑filled steel tubes［J］. Journal of Constructional Steel Research, 2023, 205: 107887.

［110］Liang Y M, Shen Q H, Wang J F, et al. Investigations on the seismic behaviour of concrete‑filled thin‑walled elliptical steel tubular column: Testing and novel FE modelling ［J］. Thin‑Walled Structures, 2023, 191: 111029.

［111］Sun H Y, Ci M Y, Zheng B L, et al. Seismic behavior and mechanism of rectangular steel‑concrete composite column with three cavities ［J］. Journal of Constructional Steel Research, 2023, 212: 108299.

［112］Wang Y H, Guo L H, Li H D, et al. Lateral load response of L‑shaped steel‑concrete composite shear walls using multi‑partition steel tube［J］. Engineering Structures, 2023, 293: 116671.

［113］Liu W H, Guo Y L, Tian Z H, et al. Experimental and numerical study of T‑shaped irregularly concrete‑filled steel tube columns under combined axial loads and moments ［J］. Journal of Building Engineering, 2023, 65: 105796.

［114］Guo Z, Chen Y, Wang Y, et al. Experimental study on square concrete‑filled double skin steel tubular short columns［J］. Thin‑Walled Structures, 2020, 156: 107017.

［115］Wu H P, Han X D, Meng C, et al. United composite strength calculation method for special‑shaped CFST columns with multiple cavities［J］. Structures, 2023, 58: 105491.

［116］Cheng R, Hu C, Gong M L, et al. Behaviors of improved multi‑cell T‑shaped concrete‑filled steel tubular columns under eccentric loads［J］. Journal of Constructional Steel Research, 2022, 193: 107251.